城市水环境治理与蚊害防制的关系及其协调

黄民生　冷培恩　编著

科 学 出 版 社

北 京

内 容 简 介

本书以与水环境关系最密切的蚊幼虫为核心，以拓展和深化生态环境与卫生健康学科的相互交叉和深度融合为目标，以“源头防制、治本清源”为出发点，紧扣我国城市水环境及其治理的重点领域和热点方向，通过“模拟实验”“现场实证”“模型计算”对城市“蓝”(水体)、“绿”(生物)、“灰”(管渠)三类空间及其复合体中蚊幼虫孳生的状况及其与生态环境的关系进行了研究和分析，在此基础上，评价了三类空间及其复合体中蚊幼虫孳生的风险并提出了相应的防控对策和建议。

本书可作为高校生态环境类以及卫生健康类专业的研究生教学参考书，对从事市政、水务、园林等相关专业的规划管理部门和工程技术人员也有一定的参考价值。

图书在版编目(CIP)数据

城市水环境治理与蚊害防制的关系及其协调/黄民生，冷培恩编著.—北京：科学出版社，2020.8

ISBN 978-7-03-065863-0

Ⅰ. ①城… Ⅱ. ①黄… ②冷… Ⅲ. ①城市环境—水环境—综合治理—关系—摇蚊幼虫—生物控制—研究 Ⅳ. ①X143 ②R184.31

中国版本图书馆CIP数据核字(2020)第154282号

责任编辑：张 析 / 责任校对：杜子昂
责任印制：吴兆东 / 封面设计：东方人华

科学出版社 出版
北京东黄城根北街16号
邮政编码：100717
http://www.sciencep.com
北京九州迅驰传媒文化有限公司 印刷
科学出版社发行 各地新华书店经销
*
2020年8月第 一 版 开本：720×1000 1/16
2020年8月第一次印刷 印张：11 3/4
字数：246 000

定价：98.00元

(如有印装质量问题，我社负责调换)

前　言

从2010年开始，本人在主持承担“十一五”国家科技重大专项课题“城市黑臭河道外源阻断、工程修复与原位多级生态净化关键技术研究与示范”(2009ZX07317006)过程中，听取了黑臭河道附近居民反映蚊虫孳生及其对他们生活影响的问题，随后，课题组从国内媒体中获知城市水环境及其治理可能与蚊害有关的诸多报道，包括“黑臭河涌附近登革热疫情”“湿地公园蚊虫扰民”等，并由此开始了城市水环境及其治理的蚊虫孳生效应、机制和协调对策方面的研究。

因专业背景的差异，本人在该交叉学科方向(生态环境-卫生健康)的研究工作中，得到了华东师范大学有害生物防制专家祝龙彪教授的热心指导以及上海市疾病预防控制中心病媒生物防制科冷培恩主任医师、徐仁权主任医师、刘洪霞副主任技师等的密切合作和大力帮助。其间，本人带领和指导研究生马明海(博士生)、陆昕渝(博士生)、李欣然(博士生)、刘善文(硕士生)、张博(硕士生)、陈奇(硕士生)、肖冰(硕士生)、杨银川(硕士生)、邹颖(硕士生)等共同开展该方向的模拟实验和现场实证研究工作。研究工作先后获得了国家及地方的重大重点科研项目(课题)资助，包括：国家科技重大专项课题“城市黑臭河道外源阻断、工程修复与原位多级生态净化关键技术研究与示范”(2009ZX07317006)、国家科技重大专项子课题“重要病媒生物监测和传播相关病原体检测技术研究”(2012ZX10004219)、国家科技重大专项子课题“重要媒介伊蚊种特异性高效引诱剂的研制”(2017ZX10303404)、国家科技重大专项子课题“太湖富营养化控制与治理技术集成研究”(2018ZX07208008)、国家科技支撑计划-技术标准领域项目“我国重要病媒生物控制技术标准的研究”(2002BA906A62)、国家自然科学基金项目“城市河道水环境修复的蚊虫孳生效应及其协调对策”(51278192)以及上海市重大科技攻关项目“长三角区域(沪浙苏皖)重大突发性传染病跨境公共卫生安全保障技术的开发及示范应用”(16495810201)、上海市优秀学科带头人项目“基于黑臭背景的城市河道水华表型、发生机制与控制技术研究”(11XD1402100)、上海市普陀区高层次人才创新项目“城市水体环境修复与次生灾害控制关键技术和集成设备”(普人才2014-A-18)等。

本书的编写以“孳生地生境治理是控蚊之本”为出发点(源头防制、治本清源)，紧跟我国城市水环境及其治理的宏观背景和发展趋势，以与水环境及其治理关系最密切的蚊幼虫为核心，试图促进生态环境和卫生健康两个学科在该方向上的深度融合，研究对象包括与城市水环境及其治理紧密相关但属于蚊幼虫孳生“新发地”和疾控部门防控“盲区”的黑臭河道、尾水湿地、海绵单体、水体滨岸、活水公园、绿地沟渠等平台载体和工程设施，以“模拟实验”“现场实证”“模型计算”为基础，从水文、水质、生物等生态环境条件以及浮床、湿地、曝气、混凝等治理技术措施来系统分析和解读这些“新发地”中蚊幼虫的孳生效应和孳生机制，编制了城市水环境及其治理的蚊幼虫孳生风险检索图，提出了统筹协调水环境治理与蚊虫防控的一水一策方案。本书是著作者及其科研团队近十年来相关研究成果的小结，所涉及的研究区域包括长三角地区的一市三省(上海市、浙江省、安徽省和江苏省)。

本书的编写分工如下，黄民生、冷培恩负责全书的统稿，黄民生负责第 1 章、第 2 章、第 6 章以及前言的编写，马明海、陈奇和李欣然负责第 3 章和第 4 章 4.1 节和 4.2 节的编写，肖冰、陆昕渝、杨银川、邹颖负责第 4 章 4.3 节至 4.7 节和第 5 章的编写。

本书的编著者及其科研团队在现场工作中分别得到了上海市、温州市、池州市、常熟市、义乌市、东阳市等相关部门的支持，华东师范大学史家樑教授对本书的编写给予了指导，在此一并致谢。

本书在丰富和拓展生态环境与卫生健康学科的交叉研究以及提高城市“新发地”中蚊害防制的科学性和有效性方面有一定的创新，可供生态环境类、卫生健康类的政府管理者、高等院校师生以及企事业单位相关人员参考。

受编著者水平的限制，书中可能存在疏漏、不妥之处，敬请读者赐教和指正。

黄民生

2020 年 6 月于华东师范大学丽娃河畔

目　　录

第1章　城市水环境及其治理

1.1　城市水环境及其治理现状

1.1.1　城市水问题及其分析

城市是人口集中的地区，也是人类对环境干预最大的区域。虽然我国城市化水平相对欧美日等国家和地区较低，但近40年来，我国城市化发展速度十分迅猛，人口和财产不断集中于城市(群)区域，使得城市环境与人类生活的关系更加紧密、相互影响也越来越强烈。

水是人类和动植物赖以生存的必要条件。自古以来，城市依水而建，临水而兴，城市的建设、运行和发展都离不开水。城市水体既是城市重要的自然元素，也是城市重要的生产力资源。城市水体是城市生态环境的重要组成，在保障城市生态系统良性循环和丰富生物多样性等方面发挥着重要作用。城市水体也是公众娱乐、亲近自然的重要场所。城市水体还为城市提供给水灌溉、防洪排涝等服务。

城市的建设、运行和发展使得原有的生态环境发生了巨大变化，并产生了一系列的城市水问题，突出表现在城市水环境污染、城市水生态破坏、城市水资源短缺以及城市内涝加剧。

(1)城市水环境污染。长期以来，我国经历了粗放和快速的城市化与工业化发展过程，导致污染物排放量剧增，加上治污意识不强和能力不足，使得我国出现了十分严重的环境污染，其中，以城市水环境污染最为严重，发生了河道黑臭、湖库藻华等极其恶劣的水环境污染问题。

(2)城市水生态破坏。城市水生态破坏表现为：①城市水体的空间被挤占或他用，譬如因盖房、筑路、建厂等需要，许多城市水体被填埋、缩小、隔断；②城市水体的形态和结构发生“去自然化”的改变，譬如截弯取直、硬化和渠化；③城市水体的超负荷纳污。在以上三个方面的叠加作用下，城市水生态系统出现了承载力下降以及结构和功能的退化乃至崩溃，譬如河道黑臭、湖库藻华等生态灾害，反过来，影响了城市的正常运行及可持续发展。

(3) 城市水资源短缺。城市水资源短缺一方面体现在城市的用水量大，水资源的供需矛盾突出，在一些原本缺水地区，如我国的西北和华北，本地区(流域)的水资源在量上难以满足城市运行和发展的需要，称为总量型缺水；城市水资源短缺的另一方面体现在城市水资源的重复利用率低，特别是雨水和污水的再生利用率低且地下水得不到有效补给，加剧了城市水资源的供需矛盾；城市水资源短缺还体现在水质污染严重，造成“有水不能用”的水质型缺水问题，在我国长三角、珠三角和京津冀等地区尤为突出[1,2]。

(4) 城市内涝加剧。近年来，我国城市内涝频发且损失惨重。造成这种问题的原因之一是我国城市建设和发展过程中的城市排水系统建设滞后、标准不高、能力不足，原因之二是我国城市的建筑物聚集度高和下垫面硬化率高，导致径流系数加大，暴雨径流瞬时而大量汇集。

与其他国家相比，我国城市水问题具有影响面大、来势迅猛以及分异较大的特点，具体表现在：我国城市人口总量大，已达 8 亿人以上，城市水问题对广大市民的生活及安全影响大；我国城市水环境污染和水生态破坏发展迅速，很多城市河道及湖泊在短短十几年就发生了严重的黑臭及藻华问题，许多城市水体处于“黑如墨、绿如漆”的状态；我国幅员辽阔，各地区的自然环境条件和社会经济水平及其相关的城市水问题差异较大，譬如，京津冀地区的城市水问题表现为总量短缺、污染严重、内涝突发[3]，长三角和珠三角地区的城市水问题表现为总量丰沛、污染严重、内涝多发，特大型和大型城市水问题较中小型城市更严重，且特大型和大型城市水问题与工业生产及其排污的关系更密切[4]。

1.1.2 城市水环境治理进展

我国城市水环境问题因社会经济发展而致，也随着社会经济发展而治，从“致”到“治”凝结着发展与保护的权衡、污染与治理的博弈。我国城市水环境问题及其治理经历了点状发生→恶化与蔓延→遏制与稳定→逐步改善的发展过程。

(1) 点状发生。1980 年以前，我国城市化和工业化发展尚处于起步阶段，城市水环境问题主要集中在少数地区和城市，如：苏州河上海市区段黑臭以及滇池、太湖、巢湖富营养化，在此阶段，国家治污的水平和力度十分有限。

(2) 恶化与蔓延。20 世纪 80 年代初至 90 年代末，我国城市化和工业化发展进入快速发展时期，城市水环境问题呈现急剧恶化和大范围蔓延的特点，在此阶段，虽然国家治污的力度和水平逐渐提升，但治污速度赶不上排污速度。

(3)遏制与稳定。21 世纪初的前十年，随着《水污染防治法》等的颁布和实施，加上国力提升和科技进步，我国城市水环境治理进入到快速发展时期，建设/运行了大量城市排水管网和污水处理厂，城市水环境治理有了基础保障，城市水环境质量恶化的势头得以遏制且状况开始稳定。

(4)逐步改善。2010 年以后，在“两山理论”的引领下，“水十条”“河长制”以及海绵城市计划、黑臭水体治理计划、长江流域生态环境大保护计划等相继颁布和实施，我国城市水环境治理进入到提标升级的发展阶段，除继续建设和完善城市污水的收集与处理设施外，面源污染控制、生态治理与修复等措施也在各地大规模开展。在“控源-减负-净化-修复-管养”的系统化治理模式指导下，我国城市水环境治理的成效开始显现，部分城市的水环境质量不仅明显改善而且城市水生态呈现出较好的修复/恢复态势。按照“水十条”的要求，到 2020 年底，我国重点流域优良水质达标率要大于 70%、地级及以上城市建成区黑臭水体治理达标率要大于 90%、京津冀和长三角及珠三角等区域的水生态环境状况要有所好转。

1.2　城市水环境治理技术方法

1.2.1　外源控制

1. 点源污染控制

点源污染主要是通过固定排污口排放进入水体的生活污水和生产废水等，点源污染的水质和流量相对稳定，污染物组成相对明确，便于集中收集和处理，因此能够及时和有效地在源头进行控制。截污纳管和集中处理是点源污染控制的主要措施，即通过污水管网将污水收集，并转输至城镇和工业污水处理厂/站进行集中处理[5]。目前，我国城市污水的收集和处理已进入到新的发展阶段，突出体现在：对已建的城市污水收集和处理设施进行升级改造，如污水管网收集率提升、污水处理工艺改造、污水处理厂排放标准提高等。其中，污水管网收集率提升重在预防和减少雨水、地下水、河湖水进入污水管网，污水处理厂排放标准提高是指在特殊地区(流域)，由于其河湖水体的环境生态敏感性和脆弱性，其污水处理厂排放水质需在一级 A 基础上进一步提标甚至对接地表水环境质量Ⅴ类及准Ⅳ类标准的要求。另外，资源(能源)节约型和环境友好型也是我国城市污水处理厂的重要发展方向，一些污水处理厂/设施建于地下，以节省占地面积；一些污水处理厂通过建设太阳能光伏发电设施来节省电耗[6]；很多污水处理厂建设了臭气收集处理、隔音降噪以及污泥处理和处置设施，以减少对周边环境的影响和实现废物的资源化利用。

2. 面源污染控制

面源污染(非点源污染)即没有固定排污口的污染，通过大气沉降、地表径流、土壤侵蚀、农田排水等方式进入水体，具有分散性、隐蔽性、随机性、模糊性等特征，治理难度较大[7]。

在城市范围内，降雨径流是城市水体面源污染的主要来源，降雨携带的大气污染物以及雨水冲刷的下垫面污染物都最终经由径流的输移而进入水体，主要有颗粒物、耗氧性有机物、氮磷营养盐等[8]。

因降雨径流引起的城市面源污染的控制措施包括源头控制、过程拦截和末端治理，其中，源头控制是防治城市面源污染的最重要措施，具体做法有城市下垫面的软化和绿化，强化降雨径流的就地蓄渗、净化和回用，实现削减面源污染负荷和减少城市内涝的多目标[9]。

欧美国家/地区对城市面源污染及雨洪管理的研究和实践起步较早，典型的有美国的“最佳管理措施”(BMPs)[10]和“低影响开发”(LID)[11]、英国的可持续城市排水系统(SUDS)[12]以及澳大利亚的“水敏性城市设计”(WSUD)[13]，虽然名称不同，但其核心目标和基本理念却是一致的：一方面都是围绕减少城市雨洪灾害、控制城市面源污染、实现城市水系统可持续发展这个核心目标；另一方面都是按照源头控制、过程拦截和末端治理这个系统化理念进行设计和实施的[14,15]。

我国的城市面源污染控制研究及实践起步相对较晚。在充分借鉴和吸纳欧美国家/地区 BMPs、LID、SUDS 和 WSUD 的经验和成果基础上，2014 年住房和城乡建设部发布了《海绵城市建设技术指南》，提出和定义了“海绵城市”的概念、功能及措施：“海绵城市”是指城市能够像海绵一样，下雨时吸水、渗水、滞水、蓄水、净水，需要时将蓄存的水“释放”并加以利用；“海绵城市”的主要功能是控制径流总量、削峰延峰以及净化污染；“海绵城市”强调“蓝、绿、灰”的有机耦合[16]，首先是要保证城市有足够的水面率和绿化率并尽量增加，其次是对城市的硬化表面进行海绵化改造，具体措施有植草沟、下沉式绿地、雨水花园、雨水湿塘、绿色屋顶、透水铺装、树池和树箱等。另外，水体和绿地须与排水管网有机结合，使得三者之间形成“相辅相成”而非“相生相克”“非此即彼”的关系。中心城区的硬化率高且人财物聚集度大，虽然内涝控制和污染治理的需求大，但水体和绿地的新建和扩建难度也大，其海绵化改造宜采取“见缝插针”的方式；城市郊区的硬化率低且人财物聚集度小，虽然内涝控制和污染治理的需求小，但水体和绿地的新建和扩建难度也小，其海绵化改造宜采取“集中连片”的方式。

1.2.2　内源减负

所谓的水体内源污染，是指在水体内部的污染，有时也称为沉积型污染或内生性污染。内源污染是城市水体常见的问题，在外源污染得到有效防治的情况下，内源减负是城市水环境改善和水生态修复的重点任务。

“治水先治岸”。虽然内源污染表现在水里，但问题还是出在岸上，包括污水排放、垃圾倾倒、水土流失、泥浆入河等。另外，水体中繁衍的生物(特别是植物)如未能妥善管养，也会造成水体淤积[17]。通过多种途径进入水体并在水体中滞留的物质，其形态、成分和危害性也各不相同：污水排放进入城市水体后或直接沉淀或通过转化为底泥，具有较强的悬浮性，导致城市水体中溶解氧快速耗尽、氮磷大量释放以及水体发黑变臭；生活垃圾和建筑垃圾倾倒进入城市水体时有发生，这些垃圾不仅侵占城市水体空间，而且也会导致城市水体中溶解氧快速耗尽、氮磷大量释放以及水体发黑变臭；水土流失也是水体淤积的成因之一，但在城市特别是在中心城区范围内，地表大多已被硬化或绿化覆盖，水土流失主要来源于上游水体的输送；泥浆入河在一些建筑工地也时有发生，其危害性主要体现在局部水域/河段；水体中繁衍的植物如未能妥善管养，则会淤塞水体，而且衰败/死亡的植物会释放大量污染物。

虽然城市水体内源污染的成因复杂且类型多样，但目前关注最多的是底泥。顾名思义，底泥是指淤积在水体底部的泥，这些泥主要来源于水体沿岸的污水排放，也有一部分是垃圾和植物转化的结果。底泥特别是表层底泥具有较强的悬浮性、较高的污染聚集度以及较大的治理难度，对城市水环境和水生态的危害性大。因此，城市水体的内源减负主要是指底泥污染治理，治理主要包括原位治理和异位治理两大类技术。

城市水体底泥污染原位治理：无需将污染底泥移出水体，采取一定的措施对污染底泥进行处理，抑制底泥中污染物释放的速率和通量，主要方法有物理修复、化学修复和生物修复等。物理修复是指在污染底泥表面撒沙、喷粉、盖膜，通过泥水隔离，控制/隔断底泥中污染物向上覆水的释放，常用的修复材料有河沙、膨润土以及 PE 膜和土工布等。化学修复是指向底泥中注射或向底泥表面喷洒化学药剂，通过化学药剂的氧化、沉淀、络合等作用，降低污染物的迁移性、释放性和危害性。水体中底泥普遍具有严重缺氧且还原性强的特点，因此氧化钙、硝酸钙、过氧化钙等是底泥化学修复中常用的材料，不仅可以改善底泥透气性、调节底泥酸碱度、控制污染物释放，而且还有较好的消毒作用。但化学修复如使用不当有可能引起二次污染，而且，化学修复成本较高，常用于应急修复。生物修复主要是利用植物、动物和微生物对水体底泥中污染物进行净化和控释，其原理包括吸收、吸附、过滤、沉淀、降解、转化等。水生植物不仅可以吸收、富集底泥中污染物，而且还能向底泥供氧，也能通过其群体(植物篱/丛)对悬浮的底泥起到沉淀和过滤作用。螺和蚌等底栖动物通过滤食，也具有较好的底泥修复作用。微生物是污染物净化的“主力军”，在水体底泥修复时，可通过改变底泥生境(如曝气)来促进土著微生物的净化作用，也可以向底泥中投加功能菌剂来强化污染物的净化。生物修复具有环境友好、成本较低和持续性好等优点，但由于生物耐污性(阈值)以及生物链转移的制约，生物修复对重污染底泥特别是受工业污染底泥的适用性较差[18,19]。

城市水体底泥污染异位治理：将污染底泥从水体中移出去并加以处理，其主要方法是疏浚或清淤。城市水体底泥具有较强的颗粒悬浮性、较高的污染聚集度，因此，应选择针对性强、效果良好的底泥疏浚方法(设备)。目前，用于城市水体底泥疏浚的方法(设备)主要有：带水抓(铲)挖、带水绞吸、干床冲挖等。带水抓(铲)挖式疏浚是船载作业，通过机械抓斗(铲)将底泥移出水体，适合于较大水体的底泥疏浚，但抓(铲)过程中可能造成底泥再悬浮，而且还有一部分抓(铲)起的底泥又回到水体中。带水绞吸式疏浚也是船载作业，通过绞吸头的旋转和水泵抽吸将底泥移出水体，适合于较大水体的底泥疏浚，与带水抓(铲)挖式疏浚相比，带水绞吸式疏浚的精度较高且对上覆水环境的影响较小。干床冲挖式疏浚作业前需将河湖水放干，通过水泵抽取余水并形成高压水流，在高压水流的冲击下，底泥发生松散和液化的转变并形成泥浆，然后通过水泵的抽吸和输送移出水体，干床冲挖式疏浚在小型水体的底泥疏浚中应用较多，其原因有三：①干床疏浚的精度高、效果好；②干床疏浚设备的体积小且作业灵活；③干床疏浚对水体岸带及周边设施(道路、建筑、桥梁)的影响小，不会造成坍塌或损坏等事故[20]。为了便于作业和保障安全，城市水体底泥疏浚往往采取分段(片)实施的模式，常用的做法是拦坝和围隔，这不仅保障了岸带及周边设施安全，而且其空间功能可灵活配置，一部分用于疏浚，一部分用于泥浆沉淀、干化以及余水回流。

1.2.3　原位净化

原位的意思是就地，城市污染水体的原位净化与生态修复主要技术措施有：强化增氧、加药投菌等。

1. 强化增氧

缺氧是污染水体的普遍特征，并成为影响水质净化和生态修复的关键因素[21]。强化增氧是污染水体治理/修复中的必要措施。城市水环境治理中常用的强化增氧技术主要有：机械曝气增氧、鼓风曝气增氧、水力跌落增氧等三类。其中，机械曝气增氧包括叶轮曝气增氧、射流曝气增氧。鼓风曝气增氧包括管式扩散和盘式扩散以及纳米气泡。水力跌落增氧包括坝式跌水增氧和泵式喷水增氧等。

1)机械曝气增氧

(1)叶轮曝气增氧。叶轮曝气增氧机由电机、叶轮和浮体三部分组成。电机是动力设备，驱动叶轮转动，叶轮在水面转动过程中产生雾滴、水花和漩涡，促进空气与水体的接触传质、强化氧气转移效能，浮体用于支撑电机和叶轮漂浮在水面以防止设备下沉和电机进水损坏。叶轮曝气增氧机工作过程中会产生一定的推力，故常用钢管桩等予以固定。根据叶轮的数量，可分为四轮、六轮或八轮等，根据传动轴的设置方向可分为竖轴式和卧轴式(河道增氧中以卧轴式居多)。叶轮曝气增氧具有设备结构简单和安装简便以及增氧能力可调性强等优点，而且其在增氧的同时还有一定的造流作用，但水体中固体废弃物尤其是塑料袋或塑料绳等可能会缠绕叶轮，导致维护工作量增加乃至烧坏电机。另外，叶轮曝气增氧机在运行过程可能会产生大量泡沫(表面活性剂因扰动起泡)并随水/风漂流/舞，不仅恶化水面景观而且会造成一定的健康危害(泡沫是病原体的载体)，叶轮曝气增氧机的噪声也比较大。

(2)射流曝气增氧。射流曝气增氧机由水泵、射流器(文丘里喉管)和浮体三部分组成。水泵是动力设备，汲取河水成为压力流进入射流器(文丘里喉管)并在射流器(文丘里喉管)中产生负压吸入空气与河水混合后形成溶气水，然后由喷嘴喷射进入水体实现增氧，浮体用于支撑电机和叶轮漂浮在水面以防止设备下沉和电机进水损坏，另外，射流曝气增氧机工作过程中也会产生一定的推力，故常用钢管桩等予以固定。射流曝气增氧具有设备结构简单和安装简便以及增氧能力可调性强等优点，而且其在增氧的同时还有较强的造流作用，如果溶气水质量高且喷嘴孔径足够小，则射流曝气增氧机可以产生微米级乃至纳米级的气泡以进一步提高增氧效果，但水体中固体废弃物尤其是塑料袋或树叶等可能会堵塞水泵的吸水口，导致维护工作量增加乃至烧坏电机。

2) 鼓风曝气增氧

鼓风曝气增氧机由风机、输气管和扩散装置三部分组成。风机产生压力空气并输送给管道和扩散装置。河道水环境治理中常用的风机按传动轴安置方向有竖轴式和卧轴式之分；按防水性能有不防水型和防水型之分。河道水环境治理中常用的空气输送管按材料有钢管和塑料管之分，其中塑料管使用较多，PVC 和 PE 塑料管是最常用的空气输送管。河道水环境治理中常用的空气扩散装置按扩散孔(缝)大小有大孔和小孔及微孔之分，扩散孔口越小则增氧效果越好。鼓风曝气增氧具有增氧效率高、效果好以及增氧能力可调性强等优点，但系统相对复杂且安装有一定难度，特别是扩散装置(管/盘)安装在水下，河床起伏的地形及其表面的淤积物(淤泥/垃圾)对扩散装置安装的平整性和牢固度都有影响并进而影响增氧效能和增加维护工作量，问题严重时会造成部分扩散装置不曝气而处于闲置状态(影响设备的增氧效率以及作用范围)。鼓风曝气增氧的造流效果因风压、风量以及扩散孔大小而异，如风压较低、风量较小且扩散孔是微孔，则其造流功能较弱、扩散孔易堵塞，导致鼓风曝气增氧机作用范围受限、维护工作量增加乃至烧坏电机。

3) 水力跌落增氧

缓流型河道的纵向坡度小，难以形成有序且快速的水流。为此，可以在河道横断面上建设“拦河坝/闸”，通过阻隔、壅水来抬高一侧的水位并形成落差，水流在经过坝/闸体(溢流、滚水)时跌落并形成水花、漩涡等来强化氧气向水体中输移。常用的跌水坝/闸有：土坝、石坝、混凝土坝、橡胶坝、节制闸和翻板闸等。土坝由土体、土工布及木桩排/钢管桩排组成，其价格低、拆除易，但结构强度较低且增氧能力的可调性弱，一般用于小型河道。石坝有堆石坝和砌石坝两种，堆石通常装填在喷塑铁丝网中形成石笼，可以增加坝体的强度。橡胶坝由风机、输气管以及橡胶充气囊(坝体)等组成，与土坝和石坝相比，橡胶坝的结构比较复杂且造价较高、维护较难，如果是大型橡胶坝，还需在河岸建设独立的风机房，但橡胶坝的坝顶高程可以根据河道的行洪及增氧需要实施灵活调节并借此对增氧能力进行一定程度的调节。节制闸和翻板闸是常用的水工设施，主要用于分洪、挡潮、排水、冲沙、灌溉以及航运等。按照闸门(板)移动方向，节制闸有升降式和翻转式两种。节制闸/翻板闸通过移动/转动可以调节闸门前后的水位，流经闸门(板)的河水形成水花、漩涡等，具有一定的增氧效果，且可以根据增氧需要实施灵活调节闸门(板)

的开启度以及门板高程。节制闸/翻板闸的结构比较复杂且造价较高、维护较难。行洪要求较高的河道，往往通过闸坝分洪并在城区段形成梯田式河池，以满足水利安全和生态水景等多功能要求。

不同水文情势和污染程度的城市水体其复氧能力、增氧需求也存在差异。平原地区的缓流型且纳污负荷高的城市水体，其复氧能力弱、增氧需求大，宜以机械曝气增氧和鼓风曝气增氧为主、水力跌落增氧为辅；丘岗和山地区域的水体流速快，其复氧能力强、增氧需求较小，实施水力跌落增氧的地形条件好且增氧效果显著，宜以水力跌落增氧为主、机械曝气增氧和鼓风曝气增氧为辅。

机械曝气、鼓风曝气、水力跌落除起到增氧作用外，还有一定的造景功能，可形成水花、水泡、水柱、漩涡等活水景观。另外，以上三大类强化增氧措施都有一定的控藻作用。

2. 加药投菌

向水体中加药投菌的目的在于强化污染物的净化。以材料的组成和功能来分，加药投菌所用的材料主要有混凝剂、微生物菌剂、酶制剂，还有氧化剂、杀藻剂、解毒剂、促生剂等。

水体的化学混凝可以快速净化污染物(特别是悬浮物)、提高水体透明度，其技术原理及操作要点与给水和污水的混凝处理相似，常用的混凝剂有聚合氯化铝、聚合硫酸铁、聚丙烯酰胺、改性硅藻土等。孙从军等以改性硅藻土为混凝剂，对苏州河支流污染河水进行了混凝处理试验研究。结果表明，硅藻土的最佳投药量随原水水质的不同而异；硅藻土对河水中 COD_{Cr} 和 TP 有较高的去除率，而对 NH_4^+-N 的去除率不高。近年来，多功能复合型混凝剂的开发和应用获得长足进展，这类混凝剂中往往添加了粉末活性炭、硅藻土、活性黏土、沸石等成分，兼具混凝和吸附功能，强化了污染物的净化效果。

为了解决水体施药时的搅拌难题，孙从军等以高岭土和沸石作为主要成分开发了一种泡腾型混凝剂，该药剂投加到水中后泡腾作用强烈，药片先是沉入底部，然后翻滚到表面，在表面逐渐崩解，散落的药剂由表面向下沉降并形成絮体。在劣Ⅴ类污染河水中投加该泡腾型混凝剂并澄清 48～96h 后，河水的 COD_{Cr}、NH_4^+-N 和 TP 浓度可以改善到Ⅲ～Ⅴ类标准，浊度从 35NTU 降低到 15NTU 左右，透明度则从 30cm 提高到 65cm，净水性能优于进口的美国产品波立清®。

宋英伟应用 500℃煅烧改性的凹凸棒石对北京市污染河水进行除磷试验

研究，在改性凹凸棒石投加量为 7g/L 时，河水中磷的去除率可达 83.53%，河水中剩余磷浓度仅为 0.037mg/L。

黄民生等应用聚合氯化铝作为混凝剂对上海市工业河和张泾河开展了水质净化的现场试验，将混凝剂置于叶轮曝气增氧机的浮体平台上，利用叶轮的转动来完成加药及其与河水混合，取得了良好的效果。投药后河水的透明度从 10～20cm 提高到 50～70cm，臭味也明显降低，且效果可维持 1～2 周(秋冬季)。

另外，向水体中投加氧化剂、杀藻剂可以氧化污染物、杀灭浮游藻类和控制黑臭底泥的污染释放。一些药剂(过氧化氢、二氧化氯)还同时具有氧化、除臭和杀藻等功能。

向水体中投加的生物制剂主要有菌剂、酶制剂、解毒剂、促生剂等。菌剂中含有人工筛选和培养出的高浓度功能菌群，酶是从生物细胞及其代谢物中提取的活性成分，它们对水体中污染物具有高效的净化功能。解毒剂和促生剂可以降低水和底泥的毒性、促进土著生物的生长繁衍。光合细菌和硝化细菌是水体污染治理与修复中常用的微生物，对有机物和氨氮具有良好的净化作用。

采用生物制剂来治理和修复污染水体在国内外已有很多的案例。例如，在美国阿拉斯加被石油污染的威廉王子湾修复中，投加促生剂的污染海滩沉积物表层和亚表层的异养细菌和石油降解菌的数量增加了 1～2 个数量级，石油污染物的降解速率提高了 2～3 倍，多环芳烃的浓度明显下降，整个修复过程缩短了近两个月的时间。再如，在上海市徐汇区上澳塘黑臭河道的生物修复中，通过投加促生剂(含有多种酶、有机酸、微量元素和维生素等)，可促进厌氧微生物向好氧微生物的转化，使得水体的生物多样性增加、溶解氧升高、黑臭消失。

孙建军等应用硝化细菌、光合细菌、促生剂、杀藻剂对上海市静安公园富营养化景观水体开展了水质净化与生态修复试验研究，硝化细菌和光合细菌、生物促生液 BE、生物除藻剂 MF 的投加量分别为 15mL/m^3、1.5mL/m^3、1.5mL/m^3，每两周补加一次。试验过程中还补种或放养了少量的水生动植物(荷花、鸢尾、凤眼莲、王莲，鲢鱼、鳙鱼、螺蛳、河蚌，红虫)，以辅助水质净化和生态修复。结果表明：治理后的水体 DO、透明度、COD_{Mn}、BOD_5 均能较稳定地达到景观娱乐用水水质 C 类标准，湖水中氨氮、总氮、总磷含量则较试验前下降 50%左右，美丽胶网藻水华得到控制，浮游植物的多样性增加但生物量明显下降。

孙建军等还应用组合生物技术对广州市朝阳涌黑臭水体开展了水质净化和生态修复试验。该试验分 4 个阶段实施：第一阶段采用地埋式生物反应器对入河污水进行处理；第二阶段向河涌底泥中投加高效菌剂、生物促生剂和生物解毒剂以加强底泥氧化降解；第三阶段在河涌中圈养风眼莲、补加高效菌剂和促生剂并对河水进行曝气增氧；第四阶段向河水中接种下游藻类、浮游动物、底栖生物甚至鱼类以延长生物链和增加生物多样性。试验结果表明：

(1) 朝阳涌在生物修复组合措施的综合作用下，试验区河段黑臭现象明显减轻，水体生态系统正逐渐向好氧洁净的良性生态区系演替，微生物由厌氧向好氧演替，生物由低等向高等演替，河道中生物多样性逐渐增加，大量红虫和一部分小鱼的出现使水体食物链较为完整。

(2) 第一阶段的污染源生物处理，有效减少了朝阳涌黑臭河段的污染负荷，使排污口所排放污水 COD_{Cr} 降低到 150mg/L 左右；第二阶段的底泥生物氧化的处理，使底泥中 TOC 含量显著下降，底泥对上游污水的缓冲和净化能力大大提高；第三阶段的水体生物修复，使水体黑臭现象消除；第四阶段的生态系统恢复，使水体生态系统更完善，河涌自净能力大为加强。

(3) 生物促生剂和土著微生物培养液中的酶可直接使污染河水和底泥中有机污染物浓度迅速下降；促生和充氧作用，能刺激污染物降解微生物的生长，提高微生物降解污染物的代谢活性，使污染物被降解、转化，最终使水体恢复至洁净状态。水体及底泥理化指标监测显示出试验前后试验区的水质和底质有明显改善，河水中 COD_{Cr} 浓度下降 30%左右、BOD_5 和 NH_4^+-N 浓度下降 60%以上，底泥中 TOC 含量下降近 3 倍。

(4) 水体中有机物含量的下降、藻类光合产氧作用和曝气充氧作用对水体复氧的加强，使水体 DO 有明显的上升，DO 饱和度从 5%上升至 60%以上，结果使严重黑臭水体转变成好氧的正常状态，有效地消除了水体黑臭。

上海市环境科学研究院与华东师范大学在净化苏州河水的梦清园芦苇湿地中开展了投加菌剂和酶制剂的试验研究。结果表明：与对照组相比，投加菌剂和酶制剂的试验组其芦苇根际泥样中微生物数量增加了 1～2 个数量级、根际和非根际泥样中脲酶和磷酸酶活性增加了 5～6 个酶活单位、出水毒性明显降低。

无论是加药还是投菌，在工程应用中都属于应急治理措施，因为药剂和菌剂的成本较高，而且加药和投菌要做好安全防范并确定合适的投加量，否则会造成二次污染或难以控制的生态及健康风险。

1.2.4 生态修复

当水体生境治理取得良好成效后，应对水体进行生态修复。

城市水体生态修复的主要措施有生态浮床和生态潜坝等。

1. 生态浮床

生态浮床又称生态浮岛或生物浮岛，有自然形成和人工构建等不同类型。一些水生植物能够长期稳定地漂浮在水面上，即为自然型生态浮床，如水葫芦、水浮莲以及浮萍等漂浮植物可以在水面上聚集成片[22]。与自然生态浮床相比，人工生态浮床是人为选择特殊材料并经加工且与生物复合而成的产品，其特点在于结构和功能的人工化。人工生态浮床既可用于经济生产(水上种植和水上养殖)，也可用于污染净化，还可用于景观绿化等。

生态浮床已被广泛用于污染水体治理和修复[23]。比较而言，大型水体中使用生态浮床的比例不及中小型水体多、效果不及中小型水体好，其原因一方面是浮床的净化和修复作用对于大型水体可能是“杯水车薪”，另一方面是大型水体的风浪、行洪及行船对浮床有较大的干扰，导致浮床的实施成本高且易损坏。

生态浮床是漂浮技术与绿化技术的结合体，其类型多种多样。按照功能，生态浮床主要分为消浪型、净污型和栖息型；按照形态，生态浮床的平面形状有方形、三角形、圆形及环形，生态浮床的立体形态有板型、网状以及箱式；按照组成，生态浮床除生物外，还有板、框、网以及固定装置，其中，板-框结合型、框-网结合型较多，板、框、网是生态浮床的基本构件，板、框、网既可以独立使用也可以联合使用，如它们除为浮床提供足够的浮力外，保障了浮床的结构强度并方便生物的定植。固定装置有锚固、桩固等多种，主要是防止浮床漂移或因风浪和行船等冲击而损坏。另外，有些浮床还负载了比较特殊的材料/装置，如微生物挂膜填料、氮磷吸附介质、生物定植和保温的辅材、太阳能动力设备以及冬季保温薄膜等。植物是生态浮床的主体生物或建群生物，这些植物大多为水生植物且以挺水、漂浮等生活型为主，但一些耐渍性强、生物量大、景观效应好的湿生乃至陆生植物也有应用，如千屈菜、旱伞草、黄菖蒲、美人蕉等[24]。

生态浮床在水质净化、生境改善和生态修复等方面具有多种功能和作用。

(1) 水质净化作用。浮床上植物可以直接或间接地吸收利用水体中氮磷等营养物质，将其同化利用为植物体的组成部分，也可通过挥发、代谢或矿化作用使污染物转化成二氧化碳和水，或转化成无毒性作用的中间代谢物并储存在植物细胞中，达到去除污染物的目的。浮床上植物根系和人工载体(纤维填料、球形填料以及沸石和陶粒)拥有巨大的表面积，可以负载大量生物膜，它们通过吸附、沉淀、过滤和降解等作用，对水体中悬浮态和溶解态污染物具有强大的净化功能，能够提高水体透明度，有效降低有机物、营养盐和重金属等污染物浓度[25]。

(2) 抑藻和供氧作用。浮床的抑藻作用表现在遮光和化感两方面。遮光来自于浮床对光的物理隔离，使得浮床下面的水体光照减弱，达到抑制浮游藻生长的效果。水花生、水浮莲、狐尾藻、金鱼藻、马蹄莲、美人蕉、石菖蒲、芦苇等浮床植物能够分泌克藻化学物质，也能控制浮游藻的生长繁殖[26,27]。另外，浮床植物光合作用过程中通过茎、叶、根向水体中释放大量氧气，能够提高水体溶解氧含量并促进污染物的净化。

(3) 改善流场作用。水体中设置浮床后，不仅可以缓减风浪，促进水生生物的生长和繁衍，而且可以减少水流短路/偏向，提高污染物的净化效果。

(4) 生物栖息作用。生态浮床在水面形成点状、链状、片状的生物岛屿，能为多种生物提供良好的栖息地，有利于增加水体生物多样性，促进水体的生境改善和生态恢复[28]。日本琵琶湖的治理经验表明[29]，在生态浮床的下面聚集着多种水生动物，在浮岛下面系上一些绳子可以强化生态浮床作为鱼、螺、蚌产卵床的功能。在日本霞浦湖土浦港的生态浮床上，已发现一些鸟类的巢穴。广东省佛山市高明区等地利用深水鱼塘进行浮床水稻种植，既可净化水质，又可为鱼提供青饲料，做到种稻、养鱼、净水三不误，具有良好的综合效益。

(5) 景观美化作用。由于生态浮床上栽种和生长了大量植物，所以被称为“水上花园”，具有良好的景观美化效果，如能合理配置浮床植物的品种(形态、生长季、花期)，则其景观效果更好。

生态浮床净水效能的发挥和提升取决于如下多方面的因素。

1) 植物选择

在浮床上栽培植物又称为水培或无土栽培，浮床植物的选择应遵照如下原则[30]：

①适宜水培条件生长，多年生，水生或湿生；

②具有耐污、抗污和较强净污能力；

③根系发达，分蘖力强，生长快且生物量大；

④耐低温能力较强；

⑤景观效应较好；

⑥便于管理和维护。

每一种植物不可能同时满足以上 6 方面要求，需要根据功能和目标对浮床植物进行合理选择与科学搭配，并由此形成多种多样的生态浮床：有的突出净污功能、有的强调栖息功能、有的侧重景观效果、有的关注易于管养、有的还要考虑越冬。

生态浮床上种植的植物以挺水植物为主，常用的有：美人蕉、水竹(旱伞草)、芦苇、香蒲、香根草、水芹、空心菜、鸢尾、菖蒲、狐尾藻、香菇草以及水稻、黑麦草等。香根草是一种根系发达、生物量大、高含养分、抗逆性强的多年生禾本科植物，有“三料”(原料、饲料、燃料)之美誉，不仅对污染水体具有很好的净化和修复作用，而且还有较高的经济价值。再如，香菇草是一种多年生挺水或湿生观赏植物，植株具有蔓生性，可以在岸边或浮床上快速形成绿毯，景观效果好且耐低温性强，可以在我国长三角地区越冬，属于浮床上的“常绿植物”。

2) 覆盖率

生态浮床的覆盖率是指浮床的浮体及其负载的植物在水面上的面积占比。生态浮床的覆盖率与其净污和修复效果呈正相关，即提高生态浮床的覆盖率可以提高其净污和修复能力。但浮床的覆盖率过高将会带来一些副作用：①影响水面景观效果和水体使用功能，浮床的覆盖率过高会使得水体貌似草地，也会影响行船以及行洪，特别是在有游船服务的公园水体，其浮床覆盖率应严格控制；②浮床的覆盖率过高会造成植物夜间呼吸作用加大，最终导致水体周期性缺氧，不利于水生动物的生存；③浮床的管理维护属于水上作业，如果浮床的覆盖率过高、植物过多，则导致其管理维护难度加大，特别是浮床植物的补种、扶正和收割。工程应用中，浮床覆盖率要根据水体治理和修复要求、水体规模和使用功能等情况来确定。有研究[31,32]认为，用于水质净化时，生态浮床的较佳覆盖率为 20%～30%；用作鸟类栖息地时，则至少需要 1000m^2 的生态浮床总面积。

3) 浮体与填料

塑料板(PE 板、PP 板、PS 板)是生态浮床较常用的浮体材料，具有浮力大、结实耐用、易于加工和便于组装等优势。另外，塑料管(PVC 管)也常用于生态浮床，其可以独立作为浮床的浮体，也可以用于板式浮床的外围防护以及网状浮床的结构支撑。塑料属于“生态异质性材料”且成本较高。在林木资源较丰富的地区，可以就地取材，利用毛竹等天然材料加工制作竹排浮床、竹筒浮床，提高其生态相容性，降低浮床成本和避免“白色污染”。

填料通常以浮体作为附载体，分为丝状、粒状以及条带状等类型，丝状如棕丝和弹性填料，粒状如沸石和陶粒，条带状如阿科蔓生态基和无纺布条等。这些填料的附载均以强化净污为要旨，但不当和过多的附载也会带来副作用，如增加浮床的自重乃至造成浮床下沉，丝状和条带状填料缠绕在曝气机叶轮或船只螺旋桨上，会导致故障和事故。

许多城市水体不仅污染严重而且其周边用地紧张，生态浮床的节地优势明显，是适合于城市水体污染净化和生态修复的技术措施。

2. 生态潜坝

与生态浮床不同，生态潜坝建在水底。但生态潜坝的功能与生态浮床有一定的相似性：净化污染、改善流场、修复生态等。堆石和石笼是生态潜坝的常用建筑材料，由树枝搭建而成的河狸坝是一种特殊类型的生态潜坝。通透性好、表面积大、生物亲和、高度适宜、交错布设是生态潜坝设计和构筑的要点。

1.2.5　管理和养护

管理和养护是保障城市水环境长效治理的必要措施。

城市水环境治理中的管理和养护主要包括排污检查、水位控制、水面保洁、植物管理、动物管理、水质监测、设施维养等。

1) 排污检查

“治水先治岸、治岸先治管”。水体沿岸的排口包括污水排放口、雨水排放口以及雨污水混合排放口。截污是治水的前提，排污检查是截污的基础。排污检查要常态化，检查结果要及时报告，以便相关部门执法并采取措施。近年来，各地在水体沿岸设立了排水口标识牌，对各排水口标注了排放方式(间歇性或连续性)、排水管直径、主要污染源、排水口监管责任人及监督电话等内容。

2) 水位控制

水位对水生植物成活率及其生长繁殖有重要影响[33]。水位太高，沉水植物和低矮型挺水植物会因光照强度不足而死亡；水位太低，水生植物(沉水植物和浮叶植物)以及水生动物(鱼、虾)会出现倒伏或干涸而死亡。水位的高低还会影响水体的泾污比和观感。

3) 水面保洁

水面保洁既关系水环境，也关系到水景观，还关系到水安全和水卫生。保洁员需专人专责，要对水面垃圾、动植物残体等及时打捞和清除，还要及时报告排污以及违法破坏活动(损坏/盗窃治水设施和违法采摘及捕捞)，也要对落水/溺水事件及时报警和主动施救。

4) 植物管理

城市水环境治理中常用的水生植物包括挺水类、浮叶类和沉水类以及漂浮类，其具体维护内容包括杂草清除、水绵控制、植物的补种以及收割/打捞以及病虫害的防制等。

(1) 杂草清除。杂草因风播/鸟播/水带而来，应予以清除，让栽种的水生植物保持优势地位并维护整体景观效果。杂草的去除尽可能不使用除草剂，尽量采取人工拔出的方法去除。

(2) 水绵控制。水绵(水青苔)是一类丝状藻，在水体中泛滥生长时会形成片状或球状群体，它们或漂于水面或浮于水中，不仅会影响其他生物的生长繁殖，而且会恶化水质及水体景观，应加强控制和及时清理。水绵一般在每年 4～9 月份生长旺盛，在营养丰富、光照充足、比较安静的浅水型水体中容易泛滥孳生。水绵控制的方法主要有人工打捞法、药剂杀灭法和生态控制法，人工打捞法简单易行，但工作量大且难以长效，药剂杀灭法见效快，但需合理控制施药量/频次，以免伤及其他生物和造成二次污染，生态控制法依据物种之间相生相克的原理，如睡莲、荷花等大型浮叶和挺水植物夏季会在水体中连片生长，通过竞争光照和营养，对水绵有很好的控制作用[34]。

(3) 收割/打捞。为合理控制水生植物的密度、盖度和生物量，避免因植物过多和死亡而影响水体生态和景观，须对植物进行定期收割/打捞。植物收割/打捞的时期和次数要根据不同植物和不同地区做相应调整，如长三角地区的鸢尾、芦苇宜在初秋或仲秋收割，睡莲、荷花等宜在晚秋收割；菹草是大型沉水植物，也是耐污型沉水植物，在每年的 5～6 月份达到生长鼎盛期，需及时打捞，否则会快速腐烂并恶化水质和景观；水葫芦、水花生和浮萍易泛滥成灾，宜圈养且须加大收割/打捞的频度和力度。近年来，粉绿狐尾藻在我国很多地区的水环境治理中应用较多，其优点是净污好、生长快、生物量大、郁闭度高(蔓延成毯)且可以越冬，但其收割/运输/处置是一个难题：数量大、水分多且极易腐烂。

(4) 病虫害防制。一般情况下，水生植物发生病虫害的频率较小。建议可以放养青蛙、蟾蜍、食蚊鱼等水生动物来防制病虫害。若虫害严重，可适当喷洒无毒或低毒环保型杀虫剂，但在敏感水域(水源地、养殖场)，则应严格控制药剂类型、施药量和施药频次。

5) 动物管理

城市水环境治理中常用的水生动物包括游泳动物、浮游动物和底栖动物，其管理内容包括如下三方面。

(1) 水生动物种类控制。尽量选择如鲢、鳙等上层鱼类，减少和避免放养下层水栖息鱼类(鲤鱼)、食草性鱼类(草鱼)以及凶猛肉食性鱼类(黑鱼)。

(2) 水生动物生长形态追踪。水生动物生长情况能够从侧面反映水环境质量情况，例如：当鱼类出现浮头现象，表明水体可能溶氧含量不足；当鱼类鳃呈暗紫红色、游动缓慢或骚动不安时，表明水体可能亚硝酸盐氮含量过高；当鱼类出现大面积死亡时，表明水体有毒有害物如硫化物等含量过高。

(3) 水生动物捕捞和幼体放养。水生动物能够吸收水体有机物质和营养物质合成自身组织蛋白，等机体生长成熟时依靠人工捕捞脱离水体，相当于将这部分污染物质从水中去除，而达到净水目的。秋冬季比较适宜水生动物捕捞，可采用网捕形式工作，选择较大个体捕获，留下较小个体。如有需要，捕捞后适当进行幼体补充，鱼苗放养冬季最为适宜，浮游动物、底栖动物春季放养最适宜。

6) 水质监测

水质监测对掌握和分析水质的变化规律、预防和控制水质恶化的发生具有重要作用。水质监测指标主要项目为 pH、SS、BOD_5、DO、氨氮、总氮、总磷、色度、高锰酸盐指数等。水质检测次数为每 1 个月检测一次，当出现水质突然变差等紧急情况，应加大监测频度。水质监测结果应对照地表水环境质量标准(GB3838—2002)进行比对是否超标并及时处理。

7) 设施维养

城市水环境治理中的附属设施较多，但主要有增氧设施和浮床设施。

增氧设施维养主要是检查和处理设备断电、电机过载、喷水口和出气孔堵塞以及叶轮的垃圾缠绕等故障。

浮床设施维养主要是检查和解决浮床因外力(行洪、行船和风浪)造成的倾斜、偏位、搁浅、散体以及浮床植物的倒伏和死亡等问题。

根据养护管理要求/水平的不同，将水生植物养护和水体管理分为三个等级，如表 1-1 所示。

表 1-1 城市水环境治理/修复的管理维护项目、级别及要求

序号	项目	级别及要求		
		一级	二级	三级
1	水面及驳岸	安全、清洁、驳岸完好	安全、水面基本无杂物、驳岸基本完整	安全、水面无明显杂物、驳岸稳固
2	透明度	120cm	90cm	60cm
3	沉水植物覆盖率	≥75%	≥60%	≥40%
4	每年修割水生植物次数	≥6	≥4	≥2
5	每年水质监测次数	12	6	4
6	每年水质调节次数	6	3	2
7	附属设施	安全、完整、维护及时	安全、完整、维护基本及时	安全、基本完整、能进行维护
8	技术档案	档案内容完整，信息化管理体系已建成，纳入数字化管理	档案内容基本完整，并已建成信息化管理体系	档案内容基本完整

参 考 文 献

[1] 董增川. 太湖流域及长江三角洲地区城市化进程中面临的水资源与水环境问题及对策[C]. 首届长三角科技论坛——水利生态修复理论与实践论文集, 2004: 88-92.

[2] 李岩. 珠三角城市群环境问题治理政策研究[D]. 青岛: 中国海洋大学, 2010.

[3] 赵领弟. 关于建立京津冀水环境联合保护机制的思考[J]. 河北水利, 2015(4): 46.

[4] 刘波. 长江三角洲地区城市水资源承载力量化研究——以南通市为例[D]. 上海: 华东师范大学, 2006.

[5] 李跃勋, 徐晓梅, 何佳, 等. 滇池流域点源污染控制与存在问题解析[J]. 湖泊科学, 2010, 22(5): 633-639.

[6] 孙钧. 浅谈污水处理厂节能减排实现的途径[J]. 资源节约与环保, 2016(2): 13-14.

[7] 贺缠生, 傅伯杰, 陈利顶. 非点源污染的管理及控制[J]. 环境科学, 1998, 19(5): 88-92, 97.

[8] Lopes T Y, Bender D A. Nonpoint sources of volatile organic compounds in urban areas—relative importance of land surfaces and air[J]. Environmental Pollution, 1998, 101(2): 221-230.

[9] 董智渊. 宜兴城镇化新区雨水径流污染控制研究[C]. 2018 中国环境科学学会科学技术年会论文集(第二卷), 2018: 827-835.

[10] Makarewicz J C, Lewis T W, Bosch I, et al. The impact of agricultural best management practices on downstream systems: Soil loss and nutrient chemistry and flux to Conesus Lake, New York, USA[J]. Journal of Great Lakes Research, 2009, 35(suppl.1): 23-36.

[11] Michael E D. Low Impact Development Practices: A review of current research and recommendations for future directions[J]. Water, Air, and Soil Pollution, 2007, 186(1-4): 351-363.

[12] Miklas S. Best Management Practice: A sustainable urban drainage system management case study[J]. Water International, 2006, 31(3): 310-319.

[13] Wong T H F. Water sensitive urban design: The journey thus far[J]. Australasian Journal of Water Resources, 2006, 10(3): 213-222.

[14] 廖朝轩, 高爱国, 黄恩浩. 国外雨水管理对我国海绵城市建设的启示[J]. 水资源保护, 2016, 32(1): 42-45, 50.
[15] 舒阳. 澳大利亚水敏性城市设计实践对中国海绵城市的启示[C]. 2019 第四届土木与环境工程国际会议论文集, 2019: 105-110.
[16] 冯博, 焦娇. 基于海绵城市理念的城市水生态格局构建[C]. 持续发展理性规划——2017 中国城市规划年会论文集(01 城市安全与防灾规划), 2017: 258-267.
[17] 薄涛, 季民. 内源污染控制技术研究进展[J]. 生态环境学报, 2017, 26(3): 514-521.
[18] 赵海超, 王圣瑞, 罗永华, 等. 沉水植物对不同层次沉积物及土壤中磷迁移的影响[J]. 水土保持学报, 2007, 21(5): 10-14.
[19] 王超, 陈亮, 廖思红. 受污染底泥原位修复技术研究进展[J]. 绿色科技, 2014(11): 165-166.
[20] 彭秀达, 陈玉荣. 城市黑臭水体清淤疏浚及底泥处理处置技术探讨[C]. 2016 第四届中国水生态大会论文集, 2016: 181-192.
[21] 朱广一, 冯煜荣, 詹根祥, 等. 人工曝气复氧整治污染河流[J]. 城市环境与城市生态, 2004(3): 30-32.
[22] Li X D, Song H L, Li W, et al. An integrated ecological floating-bed employing plant, freshwater clean and biofilm carrier for purification of eutrophic water[J]. Ecological Engineering, 2009, 36(4): 382-390.
[23] 潘晓颖. 生态浮床技术治理污染水体的应用现状及前景展望[C]. 2010 中国环境科学学会学术年会论文集(第三卷), 2010: 801-805.
[24] 曹勇, 孙从军. 生态浮床的结构设计[J]. 环境科学与技术, 2009, 32(2): 121-124.
[25] 范洁群, 邹国燕, 宋祥甫, 等. 不同类型生态浮床对富营养河水脱氮效果及微生物菌群的影响[J]. 环境科学研究, 2011, 24(8): 850-856.
[26] 潘琦, 邹国燕, 宋祥甫, 等. 美人蕉根系对铜绿微囊藻的化感作用[J]. 环境科学研究, 2014, 27(10): 1193-1198.
[27] 胡洪营, 门玉洁, 李锋民. 植物化感作用抑制藻类生长的研究进展[J]. 生态环境, 2006(1): 153-157.
[28] 姚东方. 长江口芦苇生态浮床对浮游生物及鱼类群落结构的影响[D]. 上海: 上海海洋大学, 2014.
[29] 余辉. 日本琵琶湖流域生态系统的修复与重建[J]. 环境科学研究, 2016, 29(1): 36-43.
[30] 熊琳沛, 刘俊豪. 生态浮床植物选择分析[J]. 现代农业科技, 2014(13): 251-253.
[31] 吴华莉, 涂尾龙, 曹建国, 等. 生态浮床不同覆盖率对污染水体的净化效果研究[C].《环境工程》2019 年全国学术年会论文集. 2019: 63-67.
[32] 陈庆. 水鸟栖息地影响因素及修复技术研究综述[J]. 湿地科学与管理, 2018, 14(4): 59-63.
[33] 袁赛波, 张晓可, 刘学勤, 等. 长江中下游湖泊水生植被的生态水位管理策略[J]. 水生生物学报, 2020(5): 1-6.
[34] 张璐, 刘碧云, 葛芳杰, 等. 丝状绿藻生长的环境影响因子及控制技术研究进展[J]. 生态学杂志, 2017, 36(7): 2029-2035.

第 2 章　蚊虫孳生及其防制

2.1　蚊虫孳生及其影响因素

2.1.1　蚊虫的生活史与生活习性

蚊(mosquito)属昆虫纲双翅目蚊总科，是完全变态型水陆两栖昆虫，雌雄蚊都能吸食植物的花蜜和嫩叶，但绝大多数蚊种的雌蚊产卵需吸食血液后卵巢才能发育，因此成为重要的医学昆虫。雌蚊吸血时将含有防止血液凝固作用的成分随唾液注入皮肤，引起皮肤瘙痒红肿，甚至全身发炎，最大的危害在于携带病原体的蚊虫在叮咬宿主时可将病原体随分泌的唾液传播给宿主，导致宿主感染。在全世界范围内，能够通过蚊虫传播的病原体达 100 多种，我国常见的蚊媒疾病主要为流行性乙脑、登革热、疟疾和丝虫病等。

蚊的生命周期为卵—幼—蛹—成虫，其中前三个阶段均在水中完成，成虫营陆地生活，在适宜的温度下，从产卵至羽化为成虫通常需要 10～14 天时间(图 2-1)。除少数蚊虫不吸血可产卵(自育)外，大部分雌蚊交配后需通过叮咬动物取食血液，利用血液的营养使卵巢发育成熟，再选择合适的水体产卵，雄蚊的刺器退化不能吸血。由于蚊种和环境的差异，雌蚊的吸血习性、栖息场所、活动规律、飞行距离和越冬方式等均有所差别，大多适合在 20～30℃、80%相对湿度条件下生长繁殖，温度和湿度过高或过低都会影响蚊虫孳生，甚至造成死亡。

雌蚊通常将卵产于水中，卵在适宜条件下孵化。刚孵化的幼虫为Ⅰ龄，觅食水中的微生物、藻类、有机颗粒和植物碎屑，也有些高龄蚊幼会捕食低龄蚊幼。蚊幼通过呼吸管在水面进行呼吸，常浮于水面，受到惊吓会沉入水底，少数蚊幼可通过水生植物根茎内部的空气呼吸。幼虫经过 4 次蜕皮化蛹并停止摄食，依靠幼虫阶段储存的营养维持生命，因此幼虫时期的营养水平对蛹及成虫的生长发育至关重要[1,2]，也会影响成虫对病原体的易感性[3]和疾病的传播能力[4]。

2.1.2　蚊虫孳生与气候条件的关系

蚊虫作为冷血动物对外界温度十分敏感，对于蚊幼，温度的影响主要体

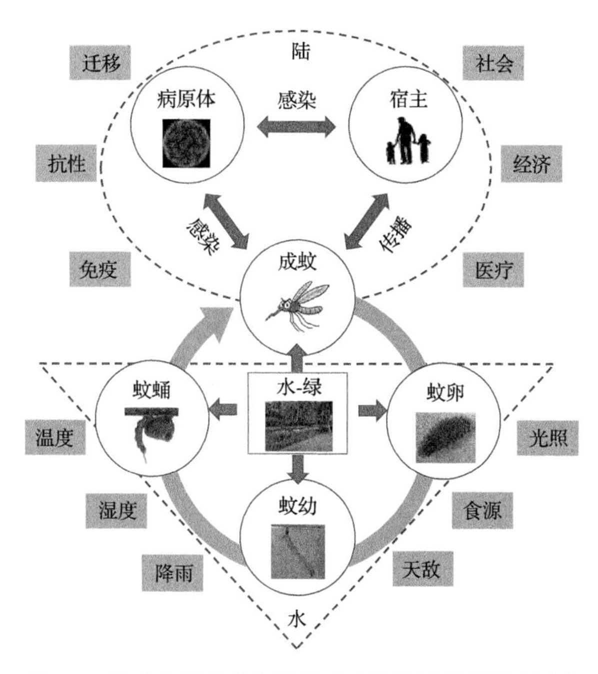

图 2-1 蚊虫生长发育和蚊媒疾病传播过程及影响因素

现在水温上，在 20～30℃，水温与蚊幼密度呈正相关关系，水温的微小上升会引起发育时间的缩短[5]，水体中蚊幼可获取食物数量增加，蚊幼存活率提高，从而造成成虫数量增加，但当温度超过 35℃时，蚊幼生长发育会明显受到抑制或不能羽化为成虫，当超过 40℃时，蚊幼的死亡率会大幅度增加，大于 45℃时，蚊幼全部死亡[6]，温度也会影响蚊虫的染色体形态[7]，从而影响蚊虫对病原体的易感性，温度升高时，易感蚊虫的比例增加[5]。随着全球气候变暖，发生蚊媒疾病的疫情纬度升高，逐渐从热带和亚热带地区蔓延到温带地区，部分非流行区变为流行区[8]，同时，疫情的时间维度延长[9]，加上交通工具的便利和国际贸易交往的日益密切，蚊媒疾病影响范围不断扩大。据统计，过去 50 年，由于蚊虫地理分布扩张，全球登革热发病率增加了 30 倍[10]，我国也将有更多区域、更广人群面临蚊媒疾病的威胁[11,12]。平均气温，尤其是平均最低气温与蚊虫密度有较高的正相关关系[13]。降雨会产生冲刷效应，造成幼虫的流失，造成局部环境蚊幼虫数量减少[14]，但降雨创造了湿润的气候和积水环境，有利于蚊虫的产卵、孵化和幼虫生长发育，因此，降雨后蚊虫数量会明显增加，成蚊数量的增加有一定的滞后性(雨后一周左右)。相对降雨量，气温对蚊虫密度的影响较大。

空气相对湿度维持在 60%～85%时最适合蚊类孳生，温暖潮湿的气候有利于蚊虫的吸血、活动和生长，增加病原体的传播风险。

紫外线对蚊幼具有一定杀灭作用，且高温季节阳光照射使水温快速上升并维持在较高温度，不利于蚊幼生存，因此蚊虫喜在阴凉遮蔽处产卵。光周期对于蚊虫的产卵数及其生长发育有一定影响，如白纹伊蚊随光照时数增加，产卵增多，孵化变整齐，孵化率升高，说明白纹伊蚊更适应长日照环境，而相反的埃及伊蚊在极端短光照条件下不仅能产卵，而且产卵数较多[15]。

2.1.3　蚊虫孳生与生态环境的关系

蚊的卵、幼、蛹阶段均在水中完成，因此，水环境对蚊虫的孳生及其对病原体的易感性具有重要影响。不同的蚊种倾向于在不同水质中孳生(表 2-1)，如淡色库蚊倾向于在污染型水体中产卵，而白纹伊蚊更适于生存在清洁的小型水体中[16,17]，蚊幼密度与 pH 值以及氮磷和有机物浓度等水质参数密切相关并因蚊种而异。

表 2-1　我国常见蚊种及其主要孳生地和习性

常见蚊种	蚊幼孳生场所	繁盛期	重要习性
中华按蚊/三带喙库蚊	稻田、茭白田、清水河浜、池塘、沟渠及富有水生植物之处	6～8 月，双峰型	嗜畜血，兼吸人血
白纹伊蚊	缸罐容器积水为主，树洞、竹筒、机器零件、轮胎积水、屋顶天沟积水等	7～9 月	白天活动，下午 14～18 时为吸血高峰，嗜人血
淡色库蚊/致倦库蚊	喜生于污水中，污水池塘、沟浜、洼地、积肥坑、化粪池、下水道、阴沟等	5～11 月，6 月最高峰，10 月次高峰	有凌晨、黄昏、夜间三个吸血高峰，全年均可能捕获
褐尾库蚊	水坑、洼地积水、沟渠、水泥槽、缸罐容器等	7～9 月	成虫不常吸人血
二带喙库蚊	富有水生植物、水绵的清水	6～8 月	嗜畜血，半家栖
骚扰阿蚊	粪坑、粪缸积水、便池、化粪池、粪桶积水等	6～10 月	活动力不强，嗜畜血，兼吸人血

缓流或平静水体是蚊幼孳生的理想条件，水流过快、水面波浪较大或降雨时造成的水面扰动会阻碍雌蚊产卵，伤害蚊幼，甚至造成死亡[18,19]。水深也会影响雌蚊的产卵选择行为，通常深度小于 0.2m 的湿地或水体蚊幼密度较高[20]，较深的水体由于存在天敌的可能性较大，雌蚊通常会避免在深水处产卵。积水时间是蚊幼能否存活的关键因素，根据积水时间的长短，水体可分为暂时性积水(0～2 周)、半长期性积水(2 周～3 个月)和长期性积水(>3 个月)。暂时性积水时间短，很快或较快干涸并导致所有生物死亡，长期性积水一般是大中型积水生境(河、湖、库、塘)，通常有其他生物存在，且与蚊幼

存在捕食和竞争关系，因此，这两类积水中蚊幼较少。半长期性积水体不仅积水时间能够支持蚊幼虫的存活及生长发育并羽化至成虫，而且这类积水体在空间尺度和积水时间上无法或难以保证鱼类等天敌的生存，是蚊虫孳生较为理想的场所[21]，如排水沟渠及窨井、缸罐和花盆等中小型积水体。

天敌的捕食行为会造成幼虫的死亡乃至消失[22]，目前发现的幼虫天敌种类很多，主要为鱼类、昆虫类、浮游动物类等。水中天敌数量增加，则蚊幼数量减少，但在自然界中蚊虫的可孳生环境范围远大于天敌，如废弃容器、废轮胎、树洞、石缝等体积小，积水时间较短，天敌无法进入或难以生存，是蚊虫的重要孳生地[23]。

蚊幼常以水中的藻类、细菌、有机颗粒、植物碎屑等为食，但有些藻类会分泌毒素，对蚊幼虫可能有毒害作用，还有些藻类在蚊幼虫体内难以消化[24]。

植物对蚊虫孳生的影响是多重且复杂的。首先，不同植物挥发性气味不同，蚊虫主要通过嗅觉和视觉系统感应植物散发的气味并产生趋光和避光行为[25]，从而对产卵地做出选择[26,27]，气味较刺激的植物会趋避雌蚊产卵。同时，雄蚊和交配前的雌蚊以植物汁液和花蜜为食，植物可作为蚊虫的食物来源。其次，水生植物在水中能减缓水流速率、形成静水区域，同时较为密集的植物可帮助蚊幼躲避天敌的捕食，为蚊幼提供栖息地，有利于蚊幼生存。紫外线对蚊幼具有伤害甚至杀灭作用，且高温季节阳光直射使水温上升过快，不利于蚊幼的生存和生长，而植物的覆盖能够遮挡阳光，为蚊幼提供较适宜的环境。但是，在营养盐浓度较高的静水或缓流水体中，浮萍、满江红、水绵等植物容易泛滥并铺满水面，阻碍雌蚊接触水面产卵，并阻挡蚊幼呼吸，不利于蚊虫孳生。

2.2　蚊害防制途径与方法

2.2.1　环境防制

不同蚊种的孳生环境不同(表 2-1)，通过对环境进行有针对性的治理和改造，能够消除蚊虫孳生场所，从根本上控制蚊虫数量，降低蚊媒疾病的危害。环境管理措施主要包括：①环境治理，水质较差的水体中有蚊幼生长发育所需的营养，而天敌却无法或难以生存，易成为蚊虫孳生的场所，水质净化和卫生清洁不仅有利于环境改善，还能减少蚊虫的孳生；②环境改造，室外积水容易孳生蚊虫，通过环境改造的方法减少积水或改变水文条件可减少蚊虫孳生，如对人工湿地中的植物进行管理，增加水面面积、加大湿地水深或采取干湿交替的运行方式[28,29]，既能保证净污功能，又能实现控蚊虫目标。对于洼坑、树洞、石穴等小型积水体，可通过填平和封堵的方法来控制蚊虫孳生。对于缓流型水体，可采用曝气、射流等方式增加流速和扰动来控蚊；③居住条件和生活习惯的改变，如将容器加盖密封或倒置，及时清理玻璃瓶和塑料器皿等容器中积水，疏通排水沟渠，定期修剪植物等。环境防制是治本措施和系统工程，需要全民动员，更需要常抓不懈。

2.2.2 物理防制

物理防制是利用机械方法，结合光、声、电子等物理介质，对蚊虫进行诱捕、驱赶或杀灭[30]。简单的物理防制方法包括利用电蚊拍拍打、利用纱窗或蚊帐阻隔。利用特定波段的声波或光波也可引诱或驱赶蚊虫，如诱蚊灯，可将蚊虫集中后进行人工或药物杀灭。

2.2.3 化学防制

化学防制是蚊虫防制中应用最广泛的手段，主要采用有机磷和拟除虫菊酯等杀虫药剂控制成蚊。化学法具有速度快、效果好的优势，但是，合成杀虫剂的危害较大，如杀虫剂无目标专一性，喷洒的同时也会造成非目标生物的死亡；杀虫剂会随着环境介质进入水体，下渗到土壤以及地下水，造成二次污染。另外，杀虫剂的使用会使蚊虫产生抗药性[31]。合理使用杀虫剂、研制环境友好型新药剂，是化学法控蚊的发展方向。

2.2.4 生物防制

生物防制是利用捕食者、细菌、真菌、寄生虫、微生物毒素等降低蚊虫数量(表 2-2)。生物法通常较为安全，对目标有专一性，不污染环境且效果持久，不易产生抗性。生物法控蚊也有局限性：①蚊虫的捕食者无法或难以进入蚊虫的孳生地，或有些捕食者即便进入到蚊虫孳生地，但因生境条件不合适而无法存活；②控蚊速度不及化学法；③某些生境条件下，蚊虫与天敌之间可能会出现僵持和共存的状态。生物法在蚊虫已产生药物抗性地区可发挥较好的作用。其中，放养鱼类是控制湿地、稻田、河道等场所中蚊幼常用的方法，捕食效果显著[16]。目前，我国用于蚊虫防制的微生物主要为球形芽孢杆菌和苏云金芽孢杆菌，具有杀蚊谱广、效力强、见效快等特点[31]。近年来，刺糖多孢菌也受到较多关注，但控蚊效果研究和副作用评价还在初步阶段[32]。此外，某些植物散发的气味和分泌的物质能够驱赶或杀灭蚊虫，因此，研发植物源杀虫剂用以替代化学合成类杀虫剂成为关注热点[33]。

表 2-2　蚊幼虫的主要捕食者及其捕食特性

捕食者			捕食对象	捕食效率	参考文献
脊椎动物	鱼类	5cm 鲤鱼	Ⅳ龄刺扰伊蚊幼虫	302	[34]
		鲫鱼	Ⅳ龄刺扰伊蚊幼虫	238	[34]
		3.4cm 食蚊鱼	Ⅰ～Ⅳ龄幼虫	438	[35]
	两栖类	5～10 周蝾螈幼虫	Ⅳ龄幼虫	100	[36]
无脊椎动物	腔肠类	水螅	伊蚊幼虫	6～21	[37]
	昆虫类	蓝晏蜓	伊蚊幼虫	30	[36]
	蛛形类	水蜘蛛	伊蚊幼虫	25～29	[36]
		水螨	伊蚊幼虫	18	[36]
	涡虫类	中口涡虫	伊蚊幼虫	5～9	[36]
	甲壳类	矮小剑刺水蚤	Ⅰ～Ⅱ龄刺扰伊蚊幼虫	1～2	[36]
		5cm 青虾	伊蚊卵	100	[38]
	昆虫类(双翅目)	Ⅳ龄巨蚊幼虫	Ⅰ～Ⅱ龄幼虫	8	[39]
		安汶巨蚊	白纹伊蚊幼虫	35	[40]
		Ⅳ龄贪食库蚊幼虫	Ⅳ龄致倦库蚊幼虫	5～6	[41]
		Ⅳ龄褐尾库蚊幼虫	幼虫	50	[42]

注：捕食效率是指每条(只/个)捕食者捕食蚊幼虫的数量(只/条)。

2.2.5　遗传控制

遗传控制是利用经过基因修饰的蚊虫作为生物控制剂，通过雌雄交配和代际传递[43]，降低繁殖力和致病性。遗传控制通常针对单种蚊种，若有多个种类出现，需要多个控制工具。遗传控制法包括自我限制系统和自我维持系统[44]：不育雄性的释放就是典型的自我限制系统，通过重复释放大量绝育雄性蚊虫来减少目标种群的繁殖[45]；与之相反，自我维持系统中的基因修饰会无限保留，可以通过初代传播至整个种群甚至其他种群，例如，使可育的工程蚊虫携带抗病效应基因，阻断疟原虫入侵和乱囊的发育，逐渐降低蚊虫的疾病传播能力[30,43]，该效应基因可通过繁殖遗传给子代。自我维持系统具有侵略性，富有争议且风险较大。

参 考 文 献

[1] Winters A E, Yee D A. Variation in performance of two co-occurring mosquito species across diverse resource environments: Insights from nutrient and stable isotope analyses[J]. Ecological Entomology, 2012, 37: 56-64.

[2] Gunathilaka P A D H N, Uduwawala U M H U, Udayanga N W B A L, et al. Determination of the efficiency of diets for larval development in mass rearing *Aedes aegypti*（Diptera: Culicidae）[J]. Bulletin of Entomological Research, 2018, 108（5）: 583-592.

[3] Kang D S, Barron M S, Lovin D D, et al. A transcriptomic survey of the impact of environmental stress on response to dengue virus in the mosquito, *Aedes aegypti*[J]. PLoS Neglected Tropical Diseases, 2018, 12（6）: e0006568.

[4] Moller-Jacobs L L, Murdock C C, Thomas M B. Capacity of mosquitoes to transmit malaria depends on larval environment[J]. Parasites & Vectors, 2014, 7（1）: 593.

[5] Grech M G, Sartor P D, Almirón W R, et al. Effect of temperature on life history traits during immature development of *Aedes aegypti* and *Culex quinquefasciatus*（Diptera: Culicidae）from Córdoba city, Argentina[J]. Acta Tropica, 2015, 146: 1-6.

[6] Mourya D T, Yadav P, Mishra A C. Effect of temperature stress on immature stages and susceptibility of *Aedes aegypti* mosquitoes to Chikungunya virus[J]. American Journal of Tropical Medicine and Hygiene, 2004, 70（4）: 346-350.

[7] Sanford M R, Ramsay S, Cornel A J, et al. A preliminary investigation of the relationship between water quality and *Anopheles gambiae* larval habitats in western Cameroon[J]. Malaria Journal, 2013, 12: 225.

[8] 樊景春. 气候变化对登革热影响及适应能力研究[D]. 北京: 中国疾病预防控制中心, 2013.

[9] Bai L, MORTON L C, Liu Q Y. Climate change and mosquito-borne disease in China: A review[J]. Globalization and Health, 2013（9）: 10.

[10] Xu L, Stige L C, Chan K S, et al. Climate variation drives dengue dynamics[J]. Proceedings of the National Academy of Sciences of the United States of America, 2017, 114（1）: 113-118.

[11] 张复春. 中国登革热现状[J]. 新发传染病电子杂志, 2018, 3（2）: 65-66.

[12] 孟玲, 李昱, 王锐, 等. 2018 年 9 月中国大陆需关注的突发公共卫生事件风险评估[J]. 疾病监测, 2018, 33（9）: 711-714.

[13] 马敏, 马晓, 杨思嘉, 等. 宁波市 2017 年登革热媒介监测结果分析[J]. 中国媒介生物学及控制杂志, 2018, 29（4）: 379-382.

[14] Paaijmans K P, Wandago M O, Githeko A K, et al. Unexpected high losses of *Anopheles gambiae* larvae due to rainfall[J]. PLoS One, 2007, 2（11）: 1146-1147.

[15] 喻潇. 白纹伊蚊和埃及伊蚊对温度、光周期耐受范围的比较研究[D]. 北京: 中国疾病预防控制中心, 2013.

[16] 马明海. 城市河道水环境修复对蚊虫孳生影响的模拟试验与现场实证研究[D]. 上海: 华东师范大学, 2017.

[17] 陆宝麟. 我国 50 年来蚊虫防制研究概况[J]. 中华流行病学杂志, 2000, 21（2）: 153-155.

[18] 张博. 城市化过程蚊虫孳生与景观特征及水质关系研究（以上海市为例）[D]. 上海: 华东师范大学, 2014.

[19] Dieng H, Rahman G M S, Hassan A A, et al. The effects of simulated rainfall on immature population dynamics of *Aedes albopictus* and female oviposition[J]. International Journal of Biometeorology, 2012, 56: 113-120.

[20] Diemont S A W. Mosquito larvae density and pollutant removal in tropical wetland treatment systems in Honduras[J]. Environmental International, 2006, 32: 332-341.

[21] Mereta S T, Yewhalaw D, Boets P, et al. Physico-chemical and biological characterization of anopheline mosquito larval habitats (Diptera: Culicidae): Implications for malaria control[J]. Parasites & Vectors, 2013, 6: 320.

[22] Samba L A, Ogbunugafor C B, Deng A L, et al. Regulation of oviposition in *Anopheles gambaie s.s*: Role of inter-and intra-specific signals[J]. Journal of Chemical Ecology, 2008, 34(11): 1430-1436.

[23] 王文志, 张曙光, 孟风英. 小型蚊虫孳生地类型季分布调查研究[J]. 中华卫生杀虫药械, 2005, 11(4): 256-258.

[24] Ahmad R, Chu W L, Lee H L, et al. Effect of four chlorophytes on larval survival, development and adult body size of the mosquito *Aedes aegypti*[J]. Journal of Applied Phycology, 2001, 13: 369-374.

[25] Takken W, Knols B G J. Odor-mediated behavior of afrotropical malaria mosquitoes[J]. Annual Review of Entomology, 1999, 44(17): 131-157.

[26] Wang G, Carey A F, Carlson J R, et al. Molecular basis of odor coding in the malaria vector mosquito *Anopheles gambiae*[J]. Proceedings of the National Academy of Sciences of the United States of America, 2010, 107(9): 4418-4423.

[27] Tumlinson J H. The importance of volatile organic compounds in ecosystem function[J]. Journal of Chemical Ecology, 2014, 40(3): 212.

[28] Thullen J S, Sartoris J J, Walton W E. Effects of vegetation management in constructed wetland treatment cells on water quality and mosquito production[J]. Ecological Engineering, 2002, 18: 441-457.

[29] Russell R C. Constructed wetlands and mosquitoes: Health hazards and management options- An Australian perspective[J]. Ecological Engineering, 1999, 12: 107-124.

[30] 徐承龙, 姜志宽. 蚊虫防制(三)——蚊虫防制的原则与方法[J]. 中华卫生杀虫药械, 2006, 12(6): 494-496.

[31] Marcombe S, Chonephetsarath S, Thammavong P, et al. Alternative insecticides for larval control of the dengue vector *Aedes aegypti* in Lao PDR: Insecticide resistance and semi-field trial study[J]. Parasite & Vectors, 2018, 11: 616.

[32] 苏天运. 生物理念杀蚊幼剂的历史与现状及未来[J]. 中华卫生杀虫药械, 2014, 20(1): 1-5.

[33] Nyasembe V O, Torto B. Volatile phytochemicals as mosquito semiochemicals[J]. Phytochemistry Letters, 2014, 8: 196-201.

[34] Becker N, Petric D, Zgomba M, et al. Mosquitoes and Their Control (2 Eds.)[M]. New York: Kluwer Academic/Plenum Publishers, 2010: 406-431.

[35] 潘炯华, 苏炳之, 郑文彪. 食蚊鱼(*Gambusia affinis*)的生物学特性及其灭蚊利用的展望[J]. 华南师范大学学报(自然科学学报), 1980, 1: 117-138.

[36] Kögel F. Die Prädatoren der Stechmückenlarven im Öosystem der Rheinauen[D]. Heidelberg: University of Heidelberg, 1984.

[37] Qureshi A H, Bay E C. Some observations on hydra Americana hyman as a predator of *Culex peus Speiser* mosquito larvae[J]. Mosquito News, 1969, 29(3): 465-471.

[38] 孙传红, 王怀位, 王新国, 等. 青虾吞食白纹伊蚊蚊卵的室内实验观察[J]. 中国寄生虫病防治杂志, 2000, 13(2): 133.

[39] Becker N, Ludwig H W. Mosquito control in west Germany[J]. Bulletin of Society For Vector Ecology, 1983, 8(2): 85-93.

[40] 梁国栋, 何英, 赵子江, 等. 安汶巨蚊生物学的实验室进一步观察[J]. 医学动物防制, 1991, 3: 170-173.

[41] 李军, 邹亚莉, 李灯华. 贪食库蚊捕食蚊幼虫的初步研究[J]. 衡阳医学院学报, 2000, 28: 138-139.

[42] 陆宝麟. 中国动物志・昆虫纲・第8卷・双翅目・蚊科(上)[M]. 北京: 科学出版社, 1997.

[43] 郑学礼. 应用遗传修饰蚊虫控制蚊媒传染病的研究进展[J]. 寄生虫与医学昆虫学报, 2017, 24(4): 257-264.

[44] Alphey L. Genetic control of mosquitoes[J]. Annual Review of Entomology, 2014, 59: 205-224.

[45] Culbert N J, Balestrino F, Dor A, et al. A rapid quality control test to foster the development of genetic control in mosquitoes[J]. Scientific Report, 2018, 8: 16179.

第3章　城市水环境及其治理与蚊害控制的关系：模拟实验

3.1　引　　言

城市水体是城市生态系统的重要组成。在我国城市化与工业化的快速发展过程中，城市下垫面的开发及利用模式和格局发生了广泛而深刻的变化，众多的城市水体也遭受了严重的环境污染和生态破坏，黑臭及富营养化等次生灾害频发，严重影响城市的环境生态安全[1-6]。为此，我国开展了大规模的城市水环境治理，不仅使得水环境污染和水生态破坏的恶化趋势得以遏制，而且局部地区的水环境和水生态得到明显改善与修复。这种变化对蚊虫孳生会有什么影响？这是卫生健康学科和环境生态学科亟待研究和解决的重要问题。

本章主要介绍在模拟实验条件下的城市水体水质、生物以及浮床、曝气、混凝等对蚊虫产卵、生长发育的影响。

3.2　水质类型及污染水平与蚊虫生长发育的关系

3.2.1　水质类型及污染水平对蚊虫生长发育的影响

以上海市具有代表性的两种常见蚊虫[7,8]——白纹伊蚊和淡色库蚊作为研究对象，人工配制不同水质类型及污染水平的水样，分别模拟极重污染、严重污染和中度污染三种污染水质，并与较清洁的上海市丽娃河河水和脱氯自来水进行对比。在相对可控的室外环境中，考察在五种水质条件下，两种蚊虫的发育历期、发育速率、孵化率、化蛹率、羽化率和蚊幼死亡率等参数的变化。模拟实验从2013年7月26日开始至2013年9月18日结束。

1. 材料与方法

构建实验装置(图3-1)，水槽共分为16格以盛装不同污染水平的水样，每格的有效尺寸为 50(L)cm×50(W)cm×40(H)cm。将蚊卵放入带有绢纱的漂浮框内以便蚊幼的收集与计数，每个漂浮框尺寸为 20(*L*)cm×20(*W*)cm×4(*H*)cm。

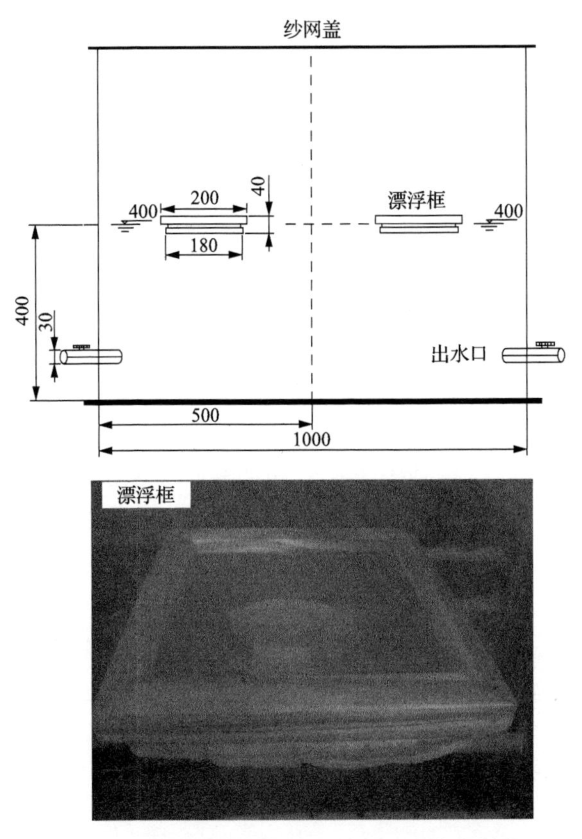

图 3-1　水质类型及污染水平对蚊卵孵化及幼虫生长发育影响的实验装置示意图(单位：mm)

实验所需的白纹伊蚊和淡色库蚊的蚊卵、蚊幼生长发育所需饲料、漂浮框及蚊笼均由上海市疾病预防控制中心病媒生物防制科提供。为减少实际河水中浮游动物等因素干扰，采用实验室人工配水方式配制不同污染水平的水样(水样用葡萄糖、氯化铵、硝酸钠、磷酸二氢钾、亚硝酸钠等分析纯试剂配制)，以此模拟不同污染程度的水质[9,10]，并选取丽娃河水及 24h 脱氯自来水作对比。五种水样水质如表 3-1 所示，水质从洁到污依次为：水样 1(脱氯自来水)、水样 2(丽娃河水——清洁河水)、水样 3(人工配水——中度污染河水)、水样 4(人工配水——严重污染河水)、水样 5(人工配水——极重污染河水)，其中，水样 3、水样 4 和水样 5 的水质类型相当于黑臭河水以及生活污水。

表 3-1　水质类型及污染水平对蚊卵孵化及幼虫生长发育影响的实验水质参数(单位：mg/L)

水样	NH_4^+-N	NO_3^--N	NO_2^--N	TN	TP	DP	COD_{Cr}
水样 1	25.27	0.68	0.08	26.81	2.54	2.04	197.64
水样 2	16.85	0.45	0.05	17.88	1.69	1.36	131.76
水样 3	8.42	0.23	0.03	8.94	0.85	0.68	65.88
水样 4	0.52	1.00	0.03	2.52	0.23	0.19	9.70
水样 5	—	—	—	—	—	—	—

注：模拟实验期间，水样的 pH 值、溶解氧含量(DO)以及水温(WT)变化范围分别为 3.68～7.50、0.148～5.99mg/L 以及 25.28～34.0℃。

将同一批次的 1500 粒敏感品系新生蚊卵(24h 内)分别均匀地投入漂浮框内，每框 100 粒蚊卵，然后将其一同放入装有 100L 水样的水槽中，置于室外阴凉处加盖培养以避免阳光暴晒、食蚊动物和雨水干扰[11-13]。每种水样设 3 次重复实验，另取 100 粒蚊卵于脱氯自来水中作空白对照(CK)实验。待蚊幼孵出后，用吸管将其移至白色搪瓷盘内进行人工计数，每隔 24h 进行观察并计数一次，计数后的蚊幼放回漂浮框。其中，每天向孵化出幼虫的水样 5(脱氯自来水)中投加约 200mg 的蚊幼饲料，直至化蛹完成(空白实验不加饲料)。由于水中有机物分解形成的薄膜覆盖水面会影响蚊幼的呼吸与生长，需及时清除水表面的黏膜。同时，捞出死亡的幼虫并记录，待Ⅳ龄幼虫化蛹后，将蚊蛹吸入装有 400mL 相同水样的烧杯中，移至蚊笼[30(L)cm×30(W)cm×30(H)cm]内直至羽化完全，记录未羽化而死亡的蛹数量。记录各水箱中的幼虫数、蛹数及羽化出的成虫数和对应时间，计算孵化率、化蛹率、羽化率和死亡率。

不同水质条件下，蚊卵孵化至蛹所经历的时间有所不同，从蚊卵产出至卵孵化所经历的时间记为卵期，自蚊幼出现至化蛹所经历的时间记为幼虫期，自蚊蛹的出现至羽化成蚊所经历的时间记为蛹期，羽化前蚊虫的发育时间称为成蚊前期发育历期[14]，成蚊前期发育历期的长短，标志着蚊虫种群数量增长速率的快与慢。记录五种水质条件下白纹伊蚊和淡色库蚊各生长阶段的发育历期，并计算其发育速率。

2. 实验结果

1)水质类型及污染水平对蚊虫生长发育的影响

如图 3-2 所示，五种水质条件下，白纹伊蚊的孵化率为 24.00%～86.67%，孵化率从高到低的顺序为：水样 5＞水样 4＞水样 3＞水样 2＞水样 1，与水质污染程度呈显著负相关关系(r=–0.974，P＜0.01)，即脱氯自来水和清洁水质较适合于白纹伊蚊的生长发育。淡色库蚊的孵化率为 21.33%～89.10%，孵化率从高到低的顺序为：水样 3＞水样 4＞水样 5＞水样 2＞水样 1，呈现倒“U”形，即中等污染水质的孵化率最高，极重污染和严重污染水质以及脱氯自来水的淡色库蚊卵孵化率较低。说明淡色库蚊更加适应于一定污染的水体，白纹伊蚊更加倾向于相对清洁水体。极重和严重污染的水体，其水气界面上污染物的集聚效应比较明显，这些有机物可能是油污，也有可能是表面

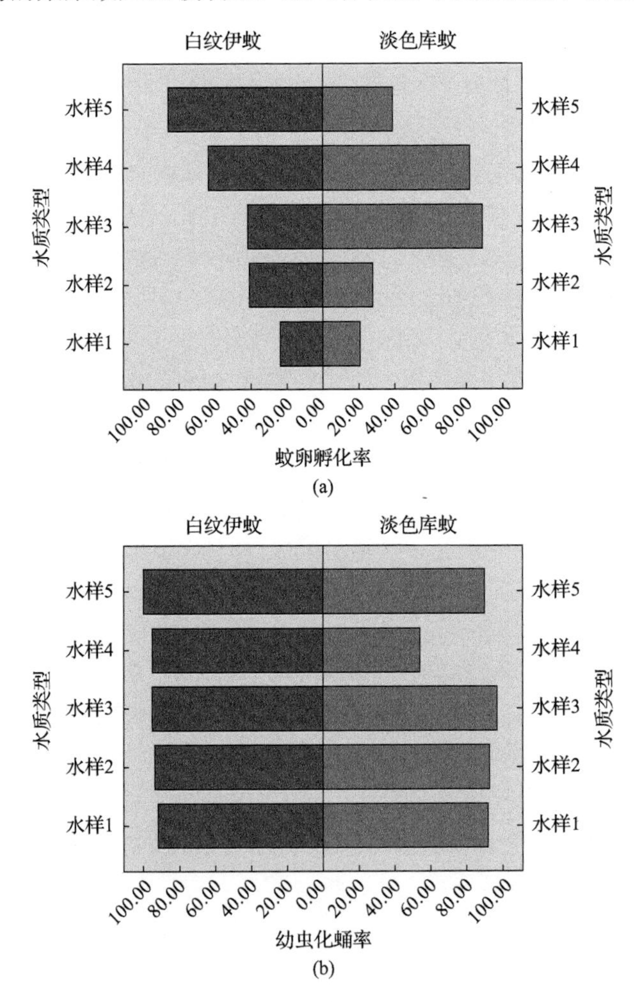

图 3-2　水质类型及污染水平对蚊卵孵化率和幼虫化蛹率的影响

活性剂，它们不仅会影响水面的水气交换(复氧)，也会影响水面的表面张力[15]，对蚊卵的孵化以及蚊幼虫的生长发育会造成一定影响，而过于清洁的水体中由于营养不足，不利于蚊卵的孵化[16]。

白纹伊蚊的化蛹率为 92.18%～100.00%，化蛹率从高到低的顺序为：水样 5>水样 4>水样 3>水样 2>水样 1，即随着水质污染水平的提高，白纹伊蚊蚊幼化蛹率一定程度地下降($r=-0.919$，$P<0.05$)，即：白纹伊蚊的幼虫倾向于在清洁水质中生长发育。淡色库蚊的化蛹率为 54.26%～97.41%，化蛹率从高到低的顺序为：水样 3>水样 5>水样 2>水样 1>水样 4，表现出与孵化率相似的规律，即呈现倒“U”形，中等污染水质的化蛹率最高，极重污染和严重污染水质以及脱氯自来水的化蛹率较低。

2)水质类型及污染水平对蚊成虫体重的影响

分别取 20 只羽化后的成蚊于 60℃烘箱中干燥 60min，恒重后称量并计算每只白纹伊蚊和淡色库蚊的体重(图 3-3)。由图可知，不同的水质条件下，蚊成虫的体重具有显著不同($t=6.080$，$P<0.05$；$t=12.848$，$P<0.01$)；白纹伊蚊的成虫体重为 0.13～0.43mg/只，其大小顺序为：水样 3>水样 2>水样 1>水样 5>水样 4，平均为(0.32±0.12)mg/只，在中等污染水质中生长发育的白纹伊蚊成虫体重最大，而在丽娃河水和脱氯自来水中生长发育的白纹伊蚊的成虫体重最小；淡色库蚊的成虫体重为 0.30～0.44mg/只，平均为(0.38±0.07)mg/只，

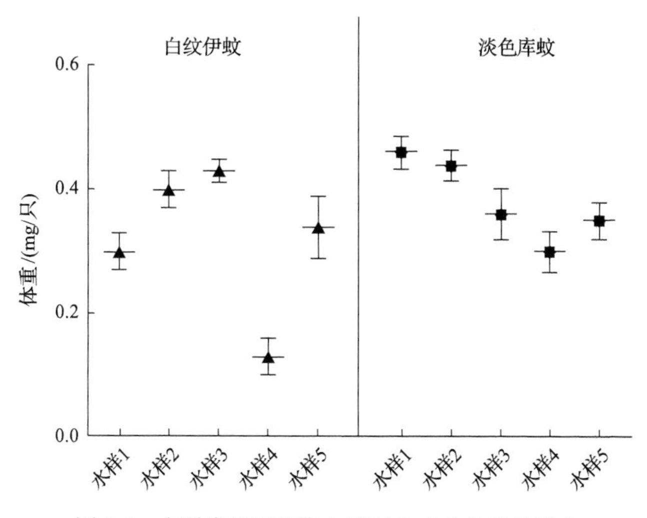

图 3-3　水质类型及污染水平对蚊成虫体重的影响

其大小顺序为：水样 1＞水样 2＞水样 3＞水样 5＞水样 4，与白纹伊蚊呈现出了不同的规律，淡色库蚊的成虫体重基本上随着污染程度的递增而逐渐增加。

蚊虫的生长发育阶段中，卵期和蛹期无须外界提供营养物[17,18]，因此，成蚊的体重主要取决于幼虫期吸收的营养，淡色库蚊不仅对污染水质的适应能力较强，而且营养物含量与污染物浓度成正比，在此条件下，淡色库蚊的生长发育较好且羽化后的成虫平均体重较大。

3.2.2　水质污染水平对蚊虫发育历期的影响

如图 3-4 所示，五种水质条件下，白纹伊蚊的卵期、幼虫期及蛹期平均发育历期分别为 4.67d±0.67d、9.27d±4.37d 和 2.73d±1.30d，其成蚊前期发育历期平均为 16.67d±4.16d，在不同污染水平的水样中表现出较大波动，从长到短的顺序为：水样 4＞水样 5＞水样 3＞水样 2＞水样 1，水样 4 中白纹伊蚊发育历期最长，为 24.00d±1.00d。淡色库蚊的卵期、幼虫期及蛹期平均发育历期分别为 1.90d±0.90d、9.77d±2.99d 和 3.43d±0.99d，成蚊前期发育历期平均为 15.03d±2.25d，从长到短的顺序为：水样 4＞水样 5＞水样 3=水样 2＞水样 1，其中在水样 4 中的成蚊前期发育历期最长，为 18.67d±0.58d。白纹伊蚊与淡色库蚊在不同水质类型及污染水平条件下的发育历期表现出了相似的规律，这可能与水中营养物含量有关。

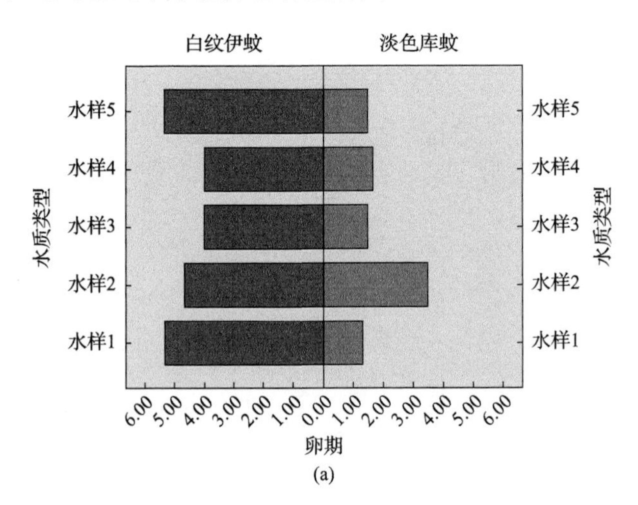

(a)

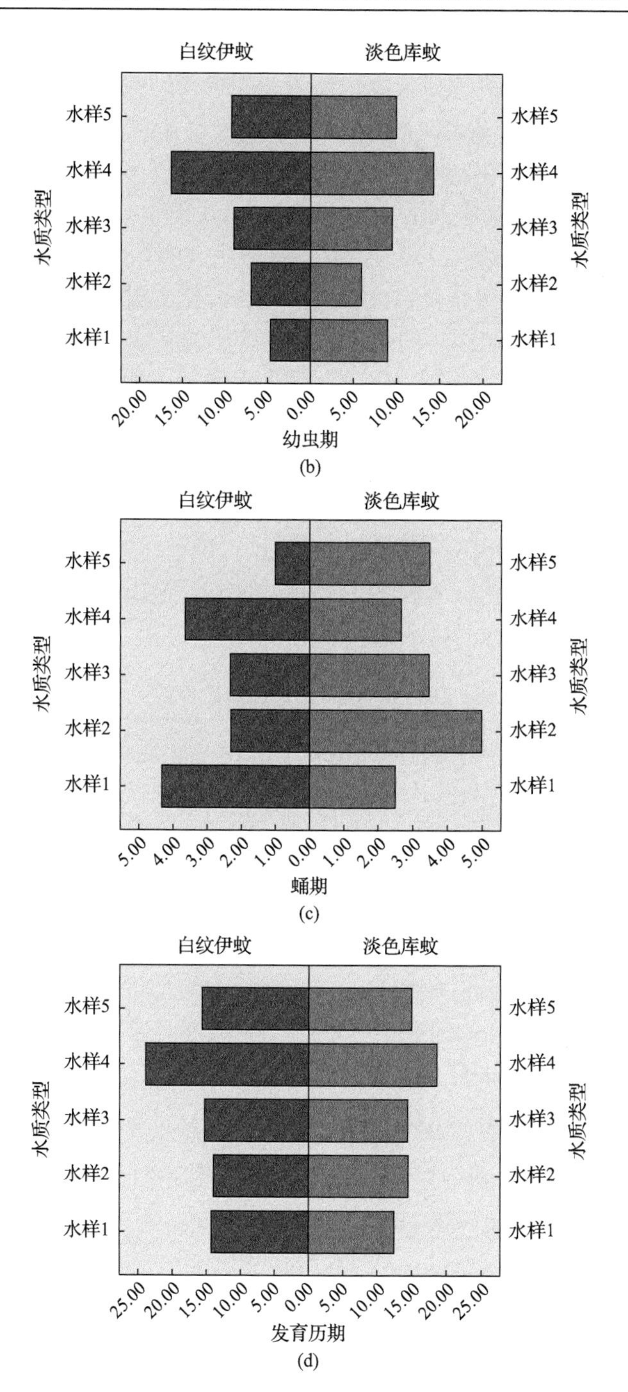

图3-4　水质类型及污染水平对蚊虫发育历期的影响(单位：d)

3.2.3　pH 值、溶解氧含量及水温与蚊虫生长发育的关系

将模拟实验的五种水样 pH 值、溶解氧含量(DO)、水温(WT)实测值与两种蚊虫的孵化率、化蛹率、羽化率及各生长阶段发育历期等指标进行 Pearson 相关性分析，如表 3-2～表 3-4 所示。从表中可以看出。

(1) 白纹伊蚊的蚊卵孵化率与水样的pH值(r=0.897, P<0.05)及DO(r=0.940, P<0.05)呈显著正相关关系；白纹伊蚊的蚊卵孵化率与蚊幼化蛹率呈显著正相关关系(r=0.943, P<0.05)，幼虫期长短显著影响其成蚊前期发育历期的长短(r=0.949, P<0.05)。随着水质污染程度的增加，白纹伊蚊的蚊卵孵化率(r=−0.972, P<0.01)和幼虫化蛹率(r=−0.919, P<0.05)均呈显著下降趋势。水温过低或过高都会影响白纹伊蚊的生长发育，当水温低于 10℃，白纹伊蚊幼虫发育历期大大延长，且蚊幼生长至 I 龄存活率显著降低；当水温达 40℃以上时，蚊卵停止孵化，同时蚊幼停止生长[19]。

(2) 与白纹伊蚊相比，水样的 pH 值、DO 及 WT 对淡色库蚊生长发育的影响相对较小。

表 3-2　水质指标(pH 值、DO)及水温(WT)与白纹伊蚊生长规律的相关系数矩阵

	pH	DO	WT	孵化率	化蛹率	羽化率	卵期	幼虫期	蛹期	成蚊前期	污染水平
pH	1	0.002	0.252	0.039	0.183	0.631	0.723	0.063	0.593	0.133	0.039
DO	0.984**	1	0.148	0.017	0.114	0.505	0.853	0.116	0.511	0.204	0.018
WT	0.632	0.745	1	0.118	0.136	0.329	0.372	0.727	0.51	0.764	0.187
孵化率	0.897*	0.940*	0.782	1	0.016	0.681	0.956	0.301	0.212	0.494	0.006
化蛹率	0.705	0.787	0.760	0.943*	1	0.726	0.817	0.579	0.065	0.859	0.027
羽化率	0.294	0.399	0.557	0.253	0.217	1	1	0.636	0.782	0.553	0.559
卵期	−0.219	−0.116	0.518	0.035	0.144	0	1	0.236	0.837	0.325	0.8
幼虫期	0.857	0.785	0.216	0.584	0.337	0.290	−0.649	1	0.993	0.014	0.211
蛹期	−0.326	−0.395	−0.396	−0.674	−0.855	0.172	−0.128	0.006	1	0.626	0.236
成蚊前期	0.764	0.682	0.186	0.409	0.111	0.359	−0.561	0.949*	0.298	1	0.411
污染水平	−0.898*	−0.939*	−0.701	−0.972**	−0.919*	−0.354	0.158	−0.676	0.649	−0.482	1

注：**表示在 0.01 水平(双侧)上显著相关；*表示在 0.05 水平(双侧)上显著相关。

表 3-3 水质指标(pH 值、DO)及水温(WT)与淡色库蚊生长发育的相关系数矩阵

	pH	DO	WT	孵化率	化蛹率	羽化率	卵期	幼虫期	蛹期	成蚊前期	污染水平
pH	1	0.015	0.431	0.306	0.196	—	0.696	0.14	0.767	0.053	0.022
DO	0.946*	1	0.175	0.577	0.224	—	0.561	0.147	0.61	0.147	0.03
WT	0.464	0.714	1	0.651	0.793	—	0.408	0.572	0.533	0.883	0.282
孵化率	0.579	0.338	−0.278	1	0.476	—	0.593	0.253	0.696	0.246	0.455
化蛹率	−0.691	−0.661	−0.164	−0.424	1	—	0.833	0.073	0.471	0.041	0.515
羽化率	a	a	a	a	a	1	—	—	—	—	—
卵期	−0.241	−0.352	−0.484	−0.325	0.131	a	1	0.269	0.046	0.994	0.669
幼虫期	0.755	0.746	0.343	0.631	−0.842	a	−0.616	1	0.158	0.128	0.341
蛹期	−0.184	−0.311	−0.375	−0.241	0.429	a	0.885*	−0.734	1	0.815	0.932
成蚊前期	0.873	0.746	0.092	0.639	−0.894*	a	−0.005	0.770	−0.145	1	0.24
污染水平	−0.930*	−0.913*	−0.603	−0.443	0.391	a	0.263	−0.546	0.053	−0.645	1

注：**表示在 0.01 水平(双侧)上显著相关；*表示在 0.05 水平(双侧)上显著相关；a 表示因该变量值常量(100)而无法计算。

表 3-4 不同水温(WT)条件下白纹伊蚊的生长规律

	31.0℃±2.0℃					28.0℃±1.7℃				
	水样 5	水样 4	水样 3	水样 2	水样 1	水样 5	水样 4	水样 3	水样 2	水样 1
卵期/d	6.67	4.00	4.00	4.33	5.00	5.33	4.00	4.00	4.67	5.33
幼虫期/d	5.33	—	4.50	3.00	3.00	9.33	16.33	9.00	7.00	4.67
蛹期/d	1.67	—	2.00	3.00	2.00	1.00	3.67	2.33	2.33	4.33
成蚊前期/d	13.67	—	10.50	10.00	10.00	15.67	24.00	15.33	14.00	14.33
孵化率/%	45.33	1.50	3.00	7.00	3.67	86.33	64.33	42.67	40.67	24.00
化蛹率/%	76.60	—	37.5	25.00	35.00	100.00	95.29	95.24	94.28	92.18
羽化率/%	100.00	—	100.00	100.00	100.00	100.00	100.00	100.00	99.22	100.00
死亡率/%	10.00	1.50	2.00	6.00	2.67	0.33	2.67	0.33	1.67	2.33

蚊虫生长期内，平均水温由 28.0℃±1.7℃上升至 31.0℃±2.0℃时，白纹伊蚊在五种水质条件下的卵期变化不大，但孵化率和化蛹率大幅度降低，其中，31.0℃±2.0℃时的水样 4 中孵化率最低，仅为 1.50%，相比 28.0℃±1.7℃时降低了 62.83%，且孵化出的幼虫全部死亡，无一蚊幼蜕化成蛹。随着水温升高，白纹伊蚊的平均幼虫期由 9.27d 缩短为 3.96d，同时，成蚊前期平均发育历期由 16.67d 缩短至 11.04d，缩短了近 5.5d。有研究发现，白纹伊蚊的发

育周期随着水温的升高而缩短，最适宜的发育水温为25～30℃，且随着水温的升高，其孵化率、化蛹率和羽化率均有降低，但发育速率增加，当水温继续上升至35℃时，发育速率变缓，至45℃时，蚊幼死亡。因此，水温对蚊虫生长发育的影响效应，一方面表现在水温过低或过高都会导致蚊虫无法生长发育，另一方面表现在合适水温范围内，水温的升高使得蚊虫的孵化率、化蛹率和羽化率降低但发育周期缩短[20-22]。

3.3 水生生物与蚊虫产卵及生长发育的关系

生态修复已成为城市污染水体治理的主要技术措施，包括流域污染控制与生态保护、水体的植物修复、动物修复和微生物修复[23-30]。

生态修复必然会导致水体环境以及生物丰度、群落结构和多样性的变化，并随之会对蚊虫孳生产生影响。

3.3.1 水生植物对蚊虫产卵的影响

植物与蚊虫之间有着十分密切的关系。上海市夏季蚊虫密度与植被覆盖率呈显著正相关[31]。这一方面是因为植物的生长离不开水，而水是蚊虫孳生的首要条件。另一方面是因为植物(丛)能为蚊虫遮阳、挡风、避雨、防冲、供食。第三方面是因为某些植物散发的气体(包括二氧化碳)能诱导蚊虫产卵和栖息。

蚊虫利用其嗅觉系统选择或调控其产卵行为，当蚊虫嗅到食物、同种蚊虫以及喜欢的植物气味时产生“拉”效应并促进其产卵行为，当蚊虫嗅到捕食者、竞争者、病原体以及不喜欢的植物气味时产生“推”效应并阻碍其产卵行为(图3-5)。

很多水生植物产生挥发性化学物质，这对雌蚊的产卵行为有一定影响，如植物释放的酯类物质可引诱雌蚊产卵(“拉”效应)，而植物释放的醛类和醇类物质对雌蚊的产卵行为产生趋避作用(“推”效应)。另外，水生植物密度及其覆盖率也可能对蚊虫的产卵产生一定影响。

1. 材料与方法

2015年5～9月，选择水生态修复中常用的五种植物，采用蚊帐实验模式(图3-6)，通过固相微萃取(solid-phase micro-extraction，SPME)和气相色谱-质谱联用(gas chromatography-mass spectrometry，GC-MS)检测五种植物的挥发性成分并分析其对雌蚊产卵的影响(“拉”效应或“推”效应)[32-35]。

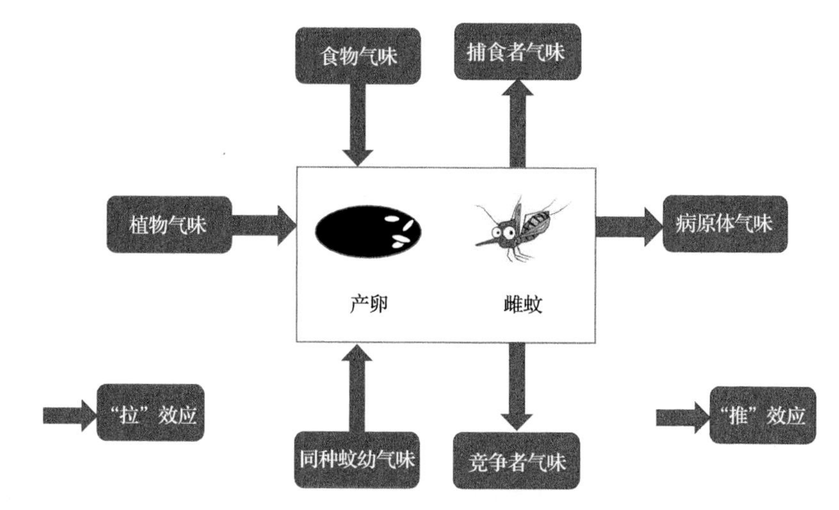

图 3-5 蚊虫嗅觉系统在成蚊产卵选择行为中的调控示意图

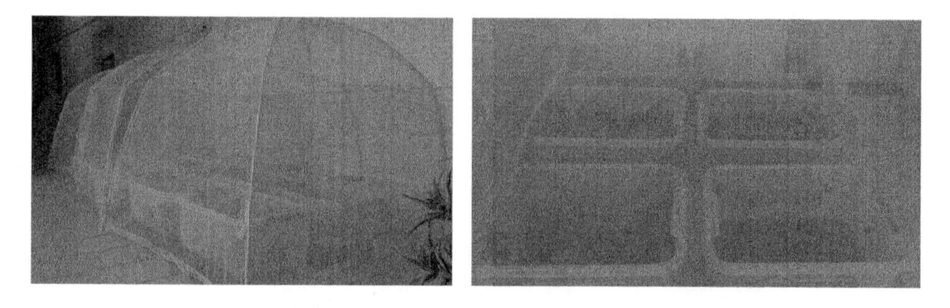

图 3-6 水生植物对成蚊产卵影响的实验装置图

蚊帐大小为 200(*L*)cm×180(*W*)cm×150(*H*)cm，其内放置透明聚乙烯水箱，分别栽种有石菖蒲、香菇草、鱼腥草、粉绿狐尾藻和绿薄荷(表 3-5)，放入待产雌蚊，2～4d 后对水箱内湿产卵纸上的蚊卵进行计数。设置三个平行组，每组放置一个空白对照箱(无植物的水箱)。水箱内水为 24h 脱氯自来水，体积约 0.05m^3/箱。使用硬质塑料网将五种植物固定于水箱中，植物间距约 20cm，密度约为 40 株/m^2。每个蚊帐内放入 12 只同批次饱吸血淡色库蚊雌蚊，血源由小白鼠提供，期间配以 5%葡萄糖水作为碳源。

为探究植物覆盖率对雌蚊产卵行为的影响，选择香菇草和粉绿狐尾藻两种植物，其他实验条件同上，香菇草覆盖率分别为 0%、20%、50%、100%，粉绿狐尾藻覆盖率分别为 0%、10%、50%、90%。

表 3-5 受试植物的基本特性

	石菖蒲	香菇草	鱼腥草	粉绿狐尾藻	绿薄荷
类型	多年生挺水植物	多年生挺水植物	多年生挺水或湿生植物	多年生挺水植物	多年生挺水或湿生植物
常见生境	岸边、沼泽、湿地、浮床	湿地、浮床、岸边	湿地、岸边	沼泽、湿地、浮床、岸边	比较潮湿的土壤中
株高	17.13cm±1.53cm	21.67cm±0.58cm	18.83cm±1.26cm	20.00cm±1.00cm	22.17cm±1.04cm
鲜重	5.18g/株±0.73g/株	2.57g/株±0.13g/株	1.99g/株±0.23g/株	2.53g/株±0.05g/株	2.40g/株±0.24g/株

植物样品预处理及成分检测[36]：每种植物选取 10 株进行成分检测，每株剪取 3～4 片(带叶柄)的成熟叶片并称其鲜重，而后将剪取的多片叶片进一步剪成长约 0.5cm 的碎片，将碎片置于 20mL 顶空样品瓶内，装入量以不影响后续实验为宜，密封备用。使用 CORNING PC-420D 型加热设备，设置温度为 40℃，预热 10min，将装有植物的样品瓶置于加热器上，加热 30min 后，将事先经 250℃活化完成的固相微萃取纤维头(聚二甲基硅氧烷 CAR/PDMS 涂层纤维，15μm)插入瓶中，萃取 5min 后，将萃取纤维头拔出，直接手动插入 GC-MS 进样口，按事先设定好的程序进行检测(图 3-7)。

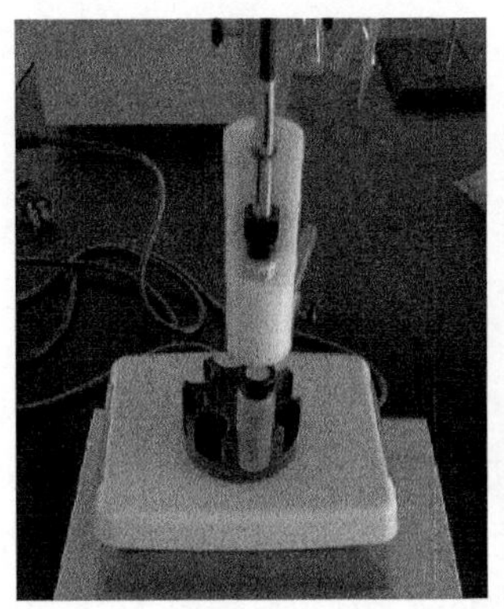
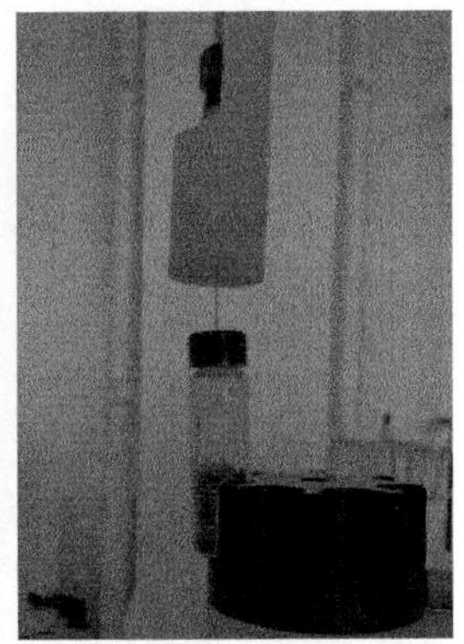

图 3-7 收集植物挥发性成分的固相微萃取装置

采用蚊虫产卵活性指数[37](oviposition activity index，OAI)来代表不同植物对蚊虫产卵的影响程度，其范围为–1～1，OAI＞0，表明其对蚊虫产卵具有引诱作用(“拉”效应)；OAI＜0，则表明其对蚊虫产卵具有抑制作用(“推”效应)[38]。

$$\mathrm{OAI}=\frac{N_{\mathrm{T}}-N_{\mathrm{C}}}{N_{\mathrm{T}}+N_{\mathrm{C}}} \tag{3-1}$$

式中，N_T 为实验水箱中蚊卵(幼)的数量，单位为个；N_C 为空白对照(CK)水箱中蚊卵(幼)的数量，单位为个。

抑制效率记为 ER(effective repellency)，ER 值越高则表明对蚊虫产卵的抑制作用越强[39]。

$$ER = \frac{N_C - N_T}{N_C} \times 100\% \tag{3-2}$$

2. 植物种类及密度对蚊虫产卵的影响

如图 3-8，淡色库蚊饱吸血雌蚊的产卵数量顺序为：石菖蒲＞粉绿狐尾藻＞鱼腥草＞香菇草＞绿薄荷，其中，绿薄荷组的产卵数为 0。OAI 值大小排序为：石菖蒲(0.58)＞粉绿狐尾藻(–0.16)＞鱼腥草(–0.64)＞香菇草(–0.70)＞绿薄荷(–1.00)，其中，石菖蒲的 OAI 值大于 0.3，对淡色库蚊的雌蚊产卵呈现出一定的引诱作用，其余植物 OAI 值均为负，且鱼腥草、香菇草和绿薄荷的 OAI 值均小于–0.3，其中绿薄荷的 OAI 值为–1.00，对淡色库蚊雌蚊的产卵抑制性最强。对绿薄荷进行无选择实验(即绿薄荷与待产雌蚊共处一笼，不设空

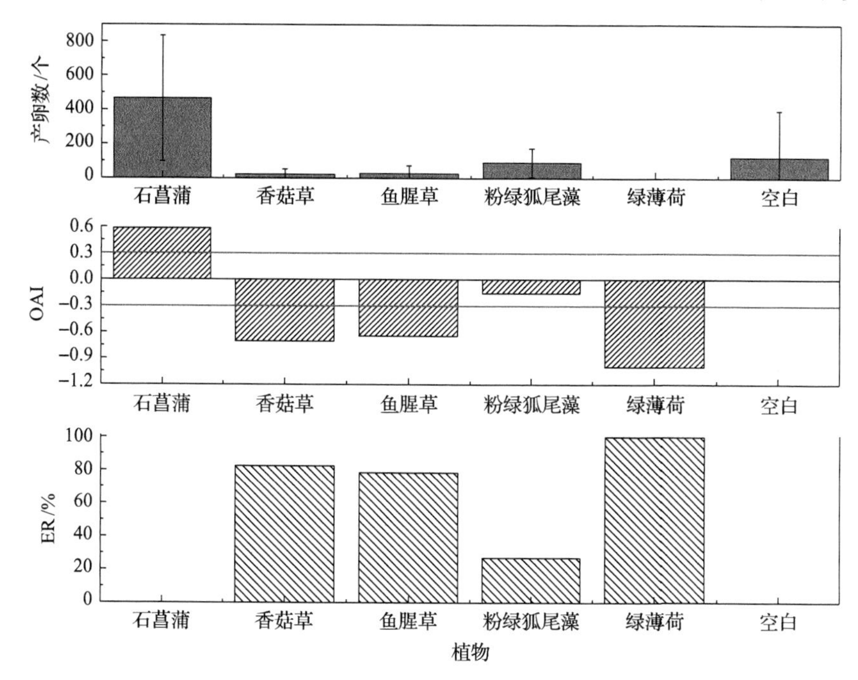

图 3-8　五种水生植物对淡色库蚊产卵的影响

白对照，3 次重复)，结果表明：淡色库蚊待产雌蚊在该实验条件下的致死率为 100%，这说明绿薄荷具有较强的驱蚊乃至灭蚊作用。

对四种具有抑制效果的植物(鱼腥草、香菇草、粉绿狐尾藻、绿薄荷)进行抑制效率比较，结果表明，在该实验条件下绿薄荷对淡色库蚊产卵的抑制率高达 100%，其次为香菇草(82.46%)和鱼腥草(78.36%)。据此，可以在污染水体的治理和修复中种植或间种绿薄荷、香菇草和鱼腥草等植物，争取达到净污、驱蚊和景观的共赢。薄荷、鱼腥草、水芹、紫苏、黄花水龙、夏枯草、狼把草等都是常见的中草药植物且都可以水培[40,41]。郑尧等[42]的研究结果表明：中草药能够作为养鱼塘的抗生素替代品，对消杀鱼塘中鱼类的病原菌有一定效果。将鱼腥草、薄荷和空心菜栽种在框-网(管框+网片)上制成植物浮床(水面覆盖率为 10%)，对鱼塘中 COD_{Mn}、Chla、TN、NO_2^--N、TP、DP 等均有较高的去除率，且能提高鱼(罗非鱼)的成活率。

如图 3-9 和图 3-10 所示，植物覆盖率对淡色库蚊的产卵数、OAI 和 ER 有较明显影响：覆盖率过大(100%)会抑制蚊虫产卵(水生植物阻碍了雌蚊接近水面)，低覆盖率(≤10%)的粉绿狐尾藻对淡色库蚊产卵有一定的促进作用。

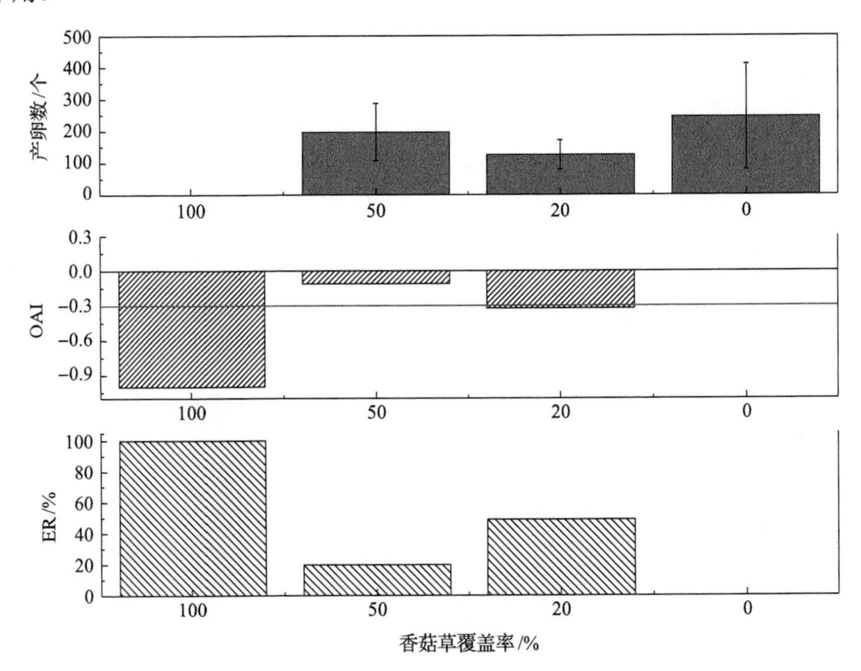

图 3-9　香菇草覆盖率对淡色库蚊产卵的影响

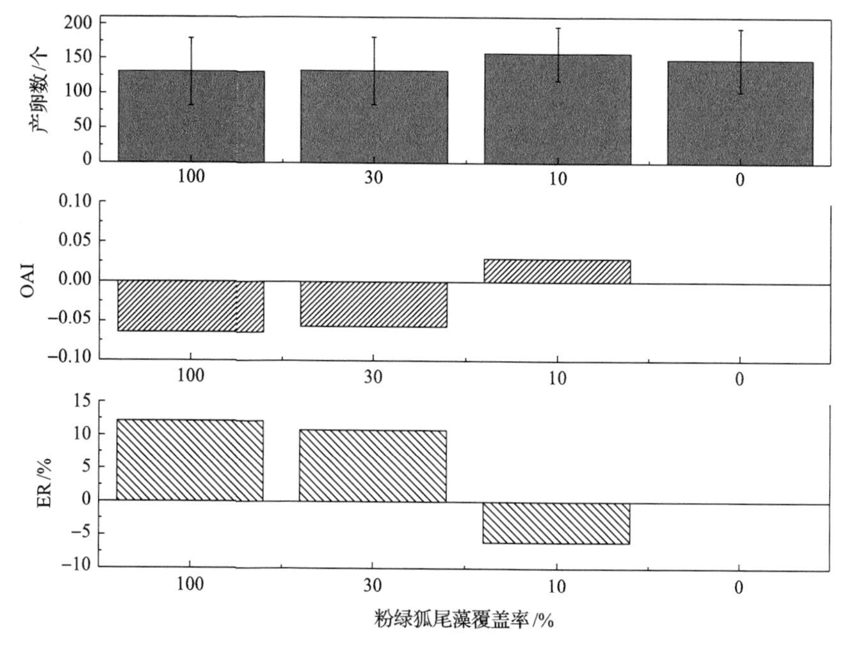

图 3-10　粉绿狐尾藻覆盖率对淡色库蚊产卵的影响

3. 植物挥发物对蚊虫产卵的影响

采用 GC-MS 分析植物的挥发成分。GC 条件：HP-5MS 毛细管柱(30m×250μm×0.25μm)，载气：高纯氦气，载气流速：0.70mL/min，扫描方式：全扫描。为改善复杂体系中化合物的分离和缩短分析时间，采用程序升温：初始温度 40℃，保持 10min；以 4℃/min 的速率升温至 160℃，保持 3min；以 6℃/min 的速率升温至 250℃，保持 6min。采用不分流的进样方式，进样量为 0.5μL，溶剂延迟时间为 3min。电离方式为电子轰击(EI)，电子能量为 70eV。MS 条件：EI 离子源温度为 230℃，接口温度为 250℃，四极杆温度为 150℃，检测器电压为 1.5kV，扫描范围为 30～500amu，扫描间隔为 0.2s/次。为避免自动进样可能带来的进样针污染，采用手动进样方式，在抽取样品前都对固相微萃取纤维头进行 250℃活化处理，避免样品之间的交叉感染。

通过对挥发物总离子流图中各峰进行质谱扫描后可得到相应的质谱图，借助计算机质谱数据库系统(NIST08.L 和 RTLPEST3.L)进行检索，结合保留时间值及相关文献，完成挥发物中各成分的鉴定。在默认的积分设置下，利用峰面积归一化法计算各成分在总挥发物中的相对百分含量。

本实验对升温程序进行了完善，挥发物中的各成分均得到了较好的分离，峰形较明显，分析时间也比较合适，分析结果如图 3-11～图 3-15 所示。

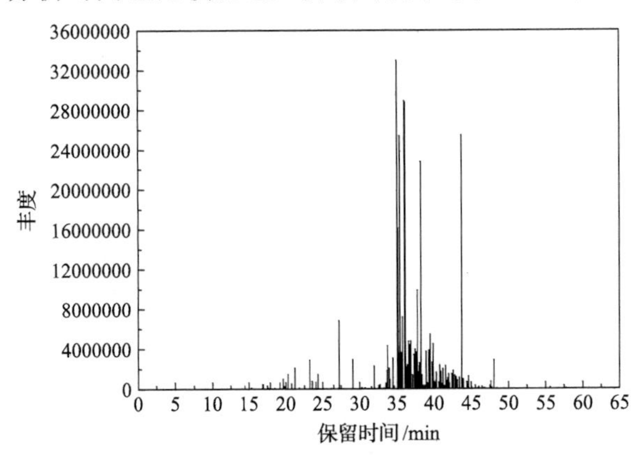

图 3-11　石菖蒲挥发物的总离子流

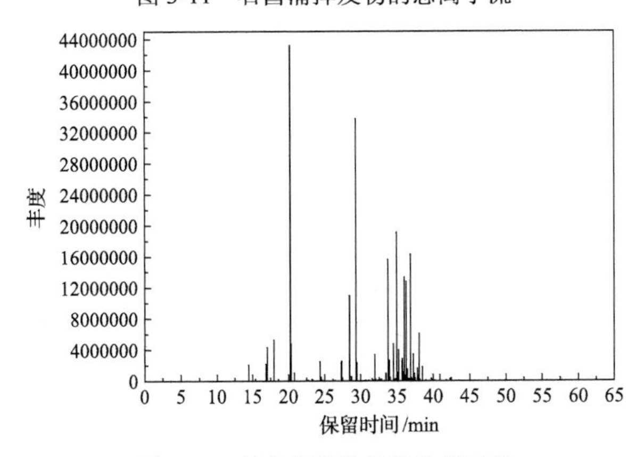

图 3-12　绿薄荷挥发物的总离子流

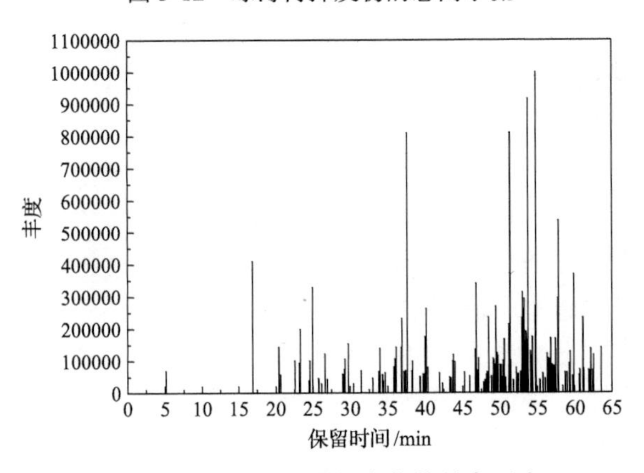

图 3-13　粉绿狐尾藻挥发物的总离子流

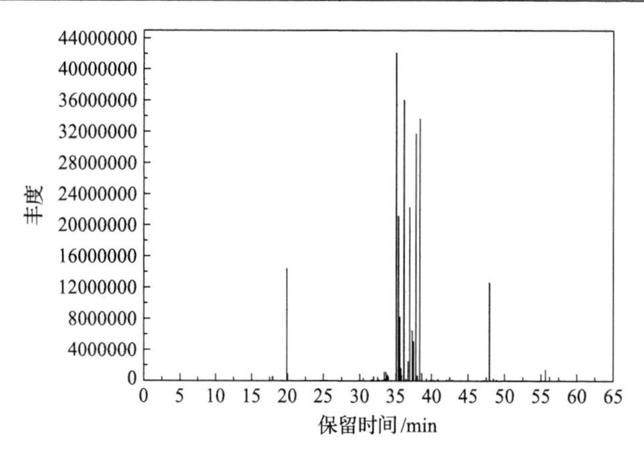

图 3-14　香菇草挥发物的总离子流

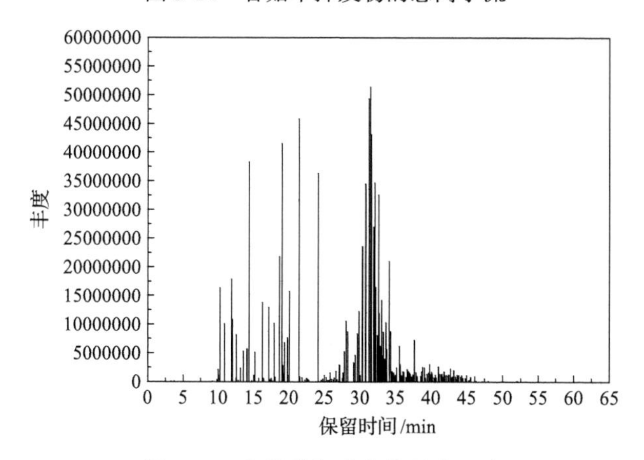

图 3-15　鱼腥草挥发物的总离子流

从五种植物的挥发物中可分离出的化合物数量从多到少依次为：鱼腥草(150 种)＞粉绿狐尾藻(132 种)＞石菖蒲(124 种)＞绿薄荷(89 种)＞香菇草(65 种)，一部分化合物的相对含量(relative contents，RC)非常低且匹配度(match quality，MQ)也较低。本研究仅选择 RC 在 0.01%以上且 MQ 大于 85%的化合物成分用于统计和分析[43]。

石菖蒲的挥发物中共分离出 124 种化合物，鉴定出 62 种，其中有 7 种化合物的 RC 大于 1%，以 1-石竹烯的 RC 和 MQ 最高(RC=24.91%，MQ=99%)，其次是 β-金合欢烯(RC=8.08%，MQ=97%)、2,6-二甲基-6-(4-甲基-3-戊烯基)-二环烯(RC=6.15%，MQ=98%)、3-(1,5-二甲基-4-己烯)-6-亚甲基环己烯(RC=5.47%，MQ=94%)、4-烯丙基苯甲醚(草蒿脑)(RC=1.68%，MQ=99%)、β-柏木烯(RC=3.00%，MQ=96%)和姜黄烯(RC=1.04%，MQ=97%)等。

绿薄荷的挥发性成分中，共鉴定出 60 种化合物，RC 在 1%以上有 13 种，以右旋萜二烯的 RC 和 MQ 最高(RC=34.59%，MQ=94%)，其次为右旋香芹酮(RC=24.53%，MQ=96%)、石竹烯(RC=4.19%，MQ=99%)、香芹醇(RC=3.24%，MQ=98%)等。

粉绿狐尾藻的挥发性成分多且含量较均匀，共鉴定出 69 种化合物，其中，RC 大于 1%的化合物有 23 种，以直链烷烃类和烯烃类为主要成分，两类有机物占总挥发物的百分比分别为 27.00%和 18.93%。

香菇草挥发性成分中共分离出 65 种物质，鉴定出的 30 种化合物，其中有 10 种化合物 RC 在 1%以上，RC 之和约为总挥发物的 93.07%，主要为 1,7-二甲基-7-(4-甲基-3-戊烯基)-三环庚烷(RC=26.71%，MQ=99%)、金合欢烯(RC=18.85%，MQ=98%)、红没药烯(RC=11.67%，MQ=93%)等。

鱼腥草共分离出 150 种化合物，约 77 种化合物被鉴定出来，18 种化合物的 RC 均在 1%以上，主要为 α-松油醇(RC=17.60%，MQ=91%)、花侧柏烯(RC=8.84%，MQ=90%)、α-古芸烯(RC=8.40%，MQ=98%)等。

对五种植物的挥发物主要成分进行统计(表 3-6)，可以看出，五种植物中，粉绿狐尾藻挥发物中的酯类成分含量较多(4.12%)，香菇草挥发物中未检出酯类成分。酯类成分相对含量从高到低的顺序为：粉绿狐尾藻＞石菖蒲＞绿薄荷＞鱼腥草。除香菇草外，其余四种植物挥发物中的醇类成分以鱼腥草中最多，而酮类成分则以绿薄荷中最多。醛类成分相对含量较少，粉绿狐尾藻的挥发物中醛类成分含量最多(1.87%)。醚类成分在石菖蒲、粉绿狐尾藻和鱼腥草的挥发物中有检出，且以鱼腥草含量最多。除粉绿狐尾藻外，其他四种植物均检测出萜烯类成分，其中以绿薄荷中含量最高，为 65.35%，且绿薄荷中萜烯类以单萜烯类为主，占萜烯类的 69.09%，而石菖蒲、香菇草和鱼腥草的萜烯类成分以倍半萜烯类为主。

表 3-6　五种水生植物挥发物中主要化合物的相对含量(%)

化合物种类	石菖蒲	绿薄荷	粉绿狐尾藻	香菇草	鱼腥草
酯类	0.67	0.18	4.12	—	0.02
酚类	0.51	—	3.28	—	0.17
醇类	2.41	6.82	—	0.02	28.04
酮类	0.43	25.07	2.04	—	5.94
醛类	0.09	—	1.87	—	—
醚类	1.68	—	2.17	—	4.07

续表

化合物种类		石菖蒲	绿薄荷	粉绿狐尾藻	香菇草	鱼腥草
链状烷烃		1.03	—	27.00	26.76	0.24
其他烯烃		13.03	1.70	18.93	20.61	12.38
苯类		0.41	—	3.13	0.12	0.39
酸类		—	—	0.18	—	—
萜烯类	单萜烯类	1.53	45.15	—	5.77	3.13
	倍半萜烯类	32.68	20.20	—	42.98	33.24
	小计	34.21	65.35	—	48.75	36.37
总计		75.42	98.22	93.29	99.21	85.38

结合五种植物条件下淡色库蚊的产卵情况，对产卵数和植物的挥发性成分进行 Spearman 相关性分析(表 3-7)，可以看出，淡色库蚊在五种植物条件下的产卵数与植物挥发性成分中苯类化合物相对含量呈显著正相关($P<0.05$)，淡色库蚊的产卵数与植物挥发性成分中的酚类化合物相对含量呈正相关且其 P 值(0.054)接近显著性水平 0.05，淡色库蚊的产卵数与酯类化合物相对含量虽呈正相关但不显著($P>0.05$)，淡色库蚊的产卵数与醛类化合物相对含量的相关性不显著(r=0.78，$P>0.05$)，淡色库蚊的产卵数与植物挥发性成分中的萜烯类呈显著负相关关系($P<0.05$)。五种植物中，绿薄荷和鱼腥草挥发性成分中的萜烯类、酮类的相对含量较高，而酚类和酯类相对含量较低。五种植物中，石菖蒲和粉绿狐尾藻挥发物中萜烯类的相对含量较低，而酚类和酯类相对含量较高。

表 3-7　淡色库蚊产卵数与水生植物挥发性成分的相关性

挥发性成分	与产卵数的相关系数
酯类	0.60
酚类	0.87
萜烯类	–0.90*
醇类	–0.30
酮类	–0.40
醛类	0.78
醚类	0.56
烷烃	0.50
烯烃	0.30

续表

挥发性成分	与产卵数的相关系数
单萜烯	–0.90*
倍半萜烯	–0.20
苯类	0.90*
酸类	0.35

注：*指在 0.05 水平上显著相关。

本研究结果与同行的[44-51]一致，即：酚类和酯类等物质可作为蚊成虫的产卵引诱剂和促进剂，而萜烯类特别是单萜烯类化合物如桉树脑、*α*/*β*-蒎烯、樟脑等以及酮类和醇类化合物对蚊成虫具有驱避作用，这是绿薄荷和鱼腥草驱蚊、石菖蒲和粉绿狐尾藻诱蚊的内在原因。

3.3.2 水生植物对蚊虫生长发育的影响

1. 材料与方法

构建实验装置(图 3-16)，分别将植物用聚乙烯网固定于透明聚乙烯水箱[66(*L*)cm×44(*W*)cm×40(*H*)cm，厚 1～2mm]，植物间距约 20cm，密度约为 40 株/m^2。空白对照(CK)箱中无植物。设 2 次重复实验。

2014 年 4 月 25 日至 2014 年 5 月 26 日，于蚊虫繁殖高峰期内，自上海市工业河内采集蚊幼，带回实验室于光照培养箱中进行培养，温度为 26℃±1℃，相对湿度为 60%±5%，光周期 15∶9(L∶D)，期间喂以鼠粮作为食

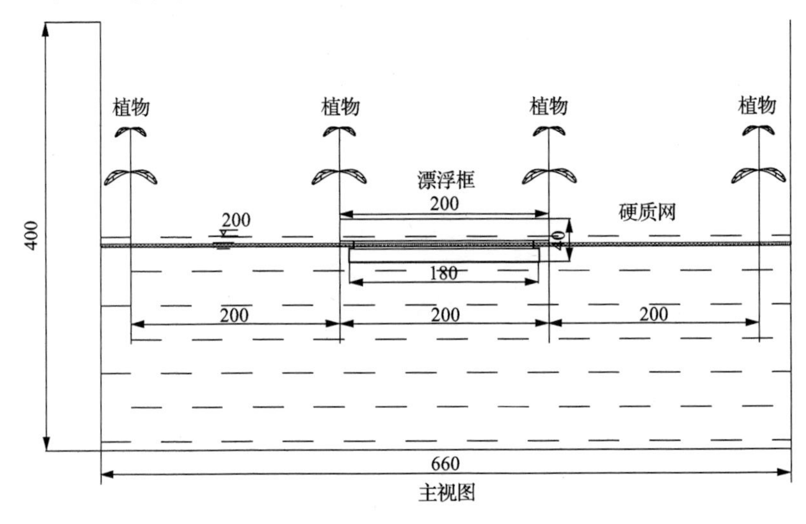

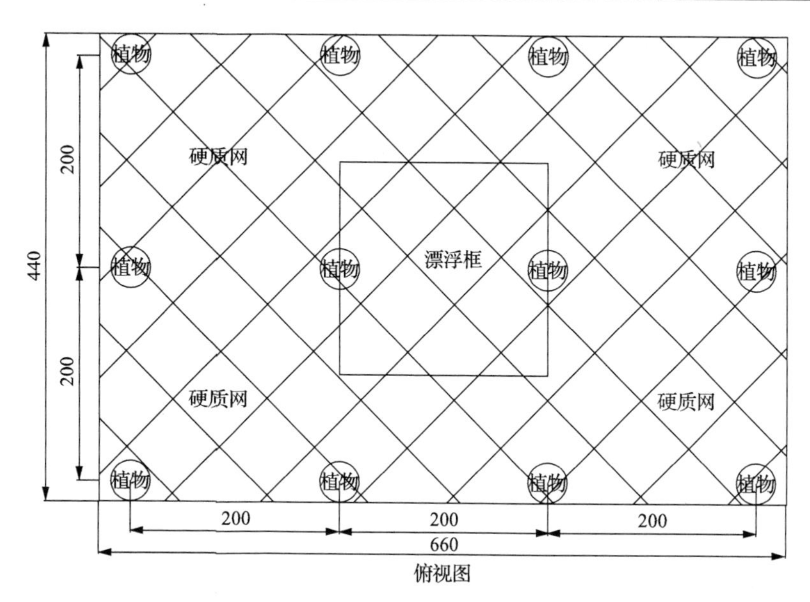

图 3-16　水生植物对蚊虫生长发育影响的实验装置设计图(单位：mm)

源。待羽化为成虫后，筛选出淡色库蚊(野外品系)，用吸蚊器将雌蚊和雄蚊置于蚊笼中自然交配，期间配以 5%葡萄糖溶液作为碳源，雌蚊所需血源由上海市疾病预防控制中心提供的小白鼠供血，饱吸血 3 天后放置产卵纸收集蚊卵。选用同一批次蚊卵及 I 龄蚊幼作为实验对象。

选择石菖蒲(CP)、香菇草(XGC)和鱼腥草(YXC)、粉绿狐尾藻(HWZ)及绿薄荷(BH)作为供试植物。石菖蒲、香菇草和粉绿狐尾藻是城市水体净污和修复中较常用的水生植物，鱼腥草和绿薄荷均可水培且挥发性气味较重，具有食用和药用双重价值[52,53]。所有植物在实验前均经自来水和去离子水洗净。

将培养出的 100 粒同批次蚊卵分别放入带有绢纱的漂浮框内以便蚊幼的收集与计数。12 个漂浮框置于分别种有石菖蒲、香菇草、鱼腥草、粉绿狐尾藻和绿薄荷的透明聚乙烯水箱内(图 3-17)。为满足蚊幼生长所需营养，取城市河道(上海市工业河)河水为实验水样，水样入水箱前经 25#浮游生物网过滤，避免河水中浮游动物可能对实验结果造成的干扰[54]，每箱水样约 0.05m^3。每隔 24h 记录孵出的幼虫数、蛹数、羽化的成虫数和对应的时间，从而计算孵化率、化蛹率和羽化率以及各生长阶段的发育历期及发育速率。

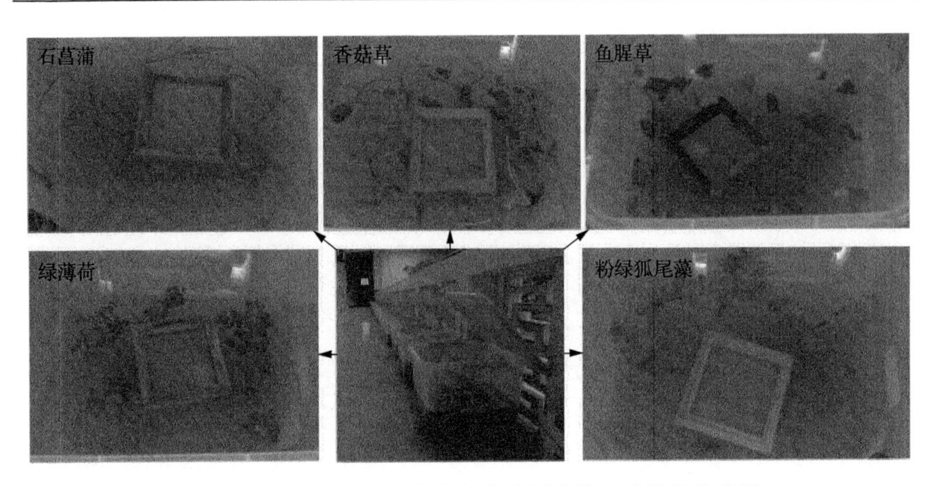

图 3-17　水生植物对蚊虫生长发育影响的实验装置实物图

2. 植物对蚊卵孵化以及幼虫生长发育和死亡的影响

由图 3-18～图 3-22 分析可知：①绿薄荷组的淡色库蚊的蚊卵孵化率最高(100%)，鱼腥草组淡色库蚊的蚊卵孵化率最低(72.50%±9.19%)，有植物的条件下，淡色库蚊的蚊卵孵化率均明显高于无植物的空白对照组；②淡色库

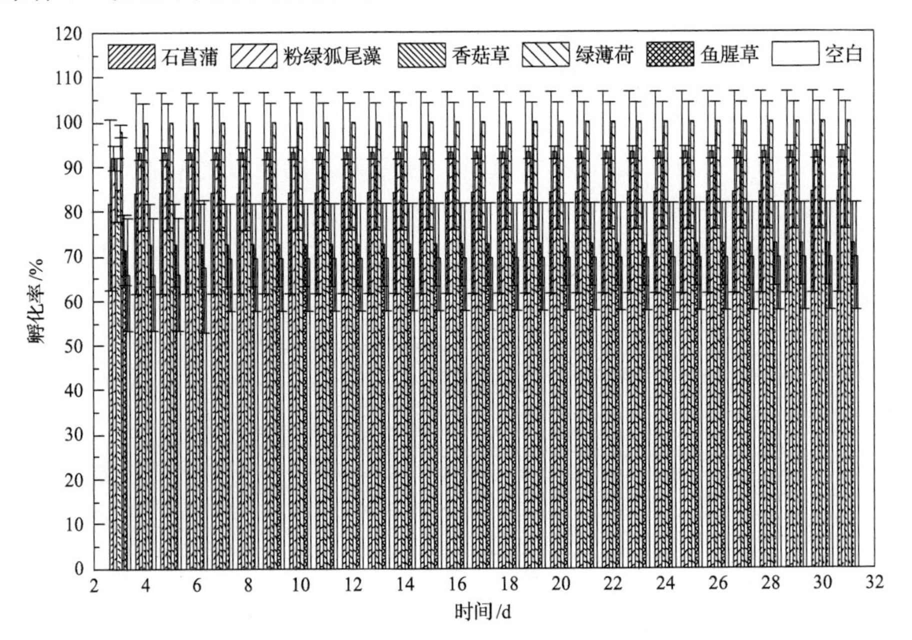

图 3-18　不同植物条件下的淡色库蚊孵化率

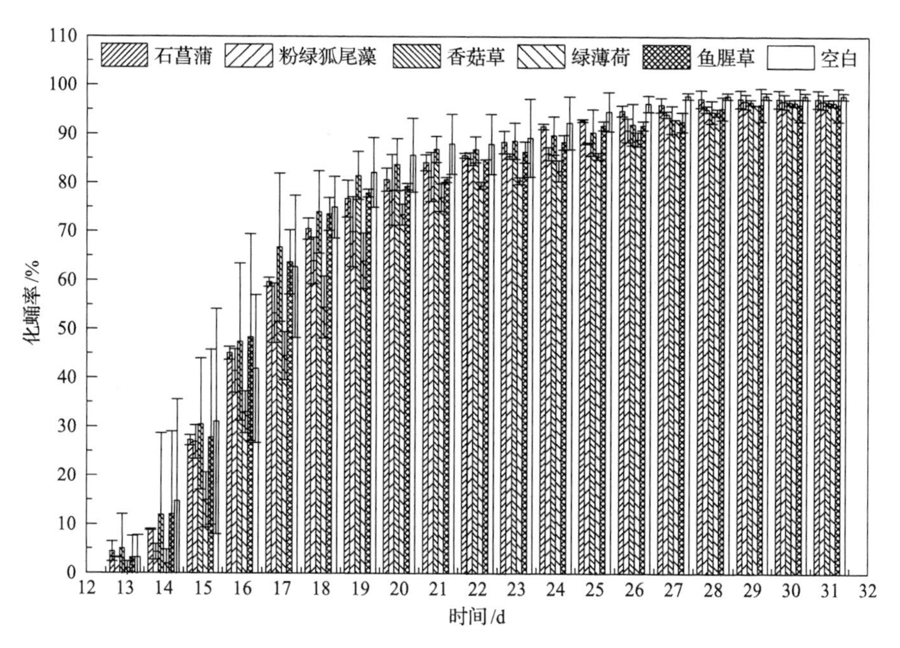

图 3-19　不同植物条件下的淡色库蚊化蛹率

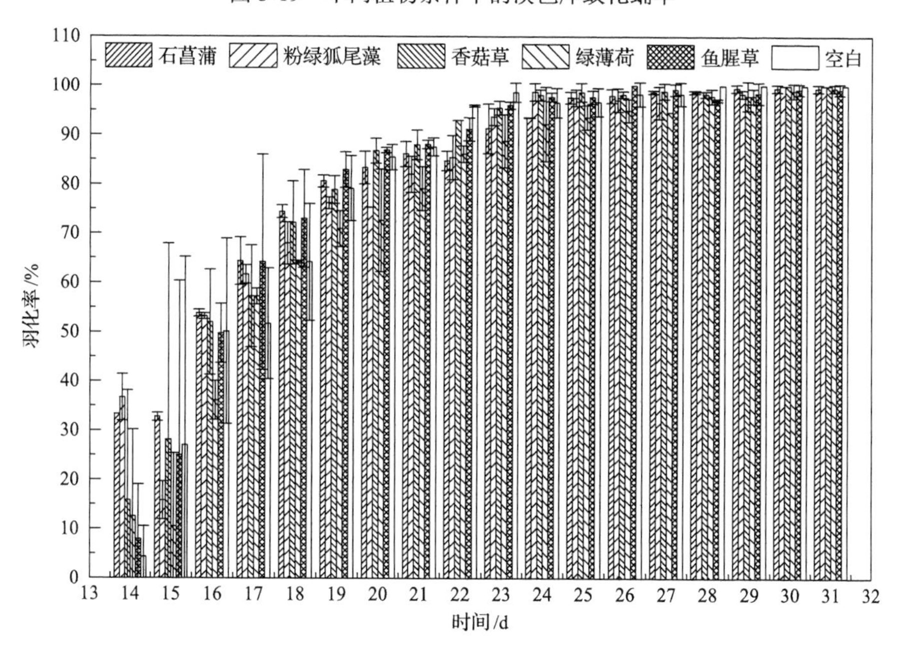

图 3-20　不同植物条件下的淡色库蚊羽化率

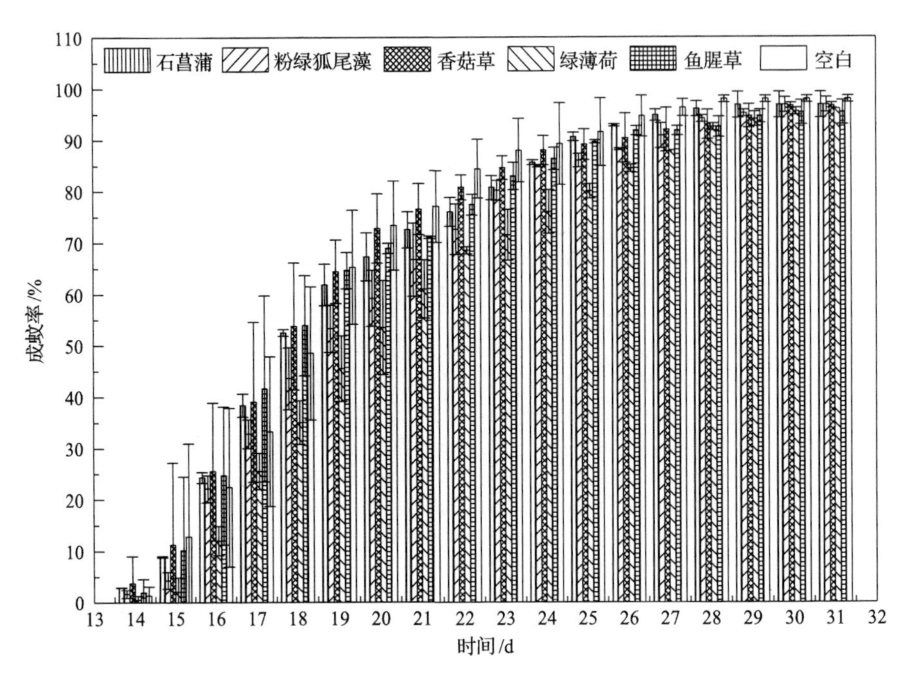

图 3-21　不同植物条件下的淡色库蚊成蚊率

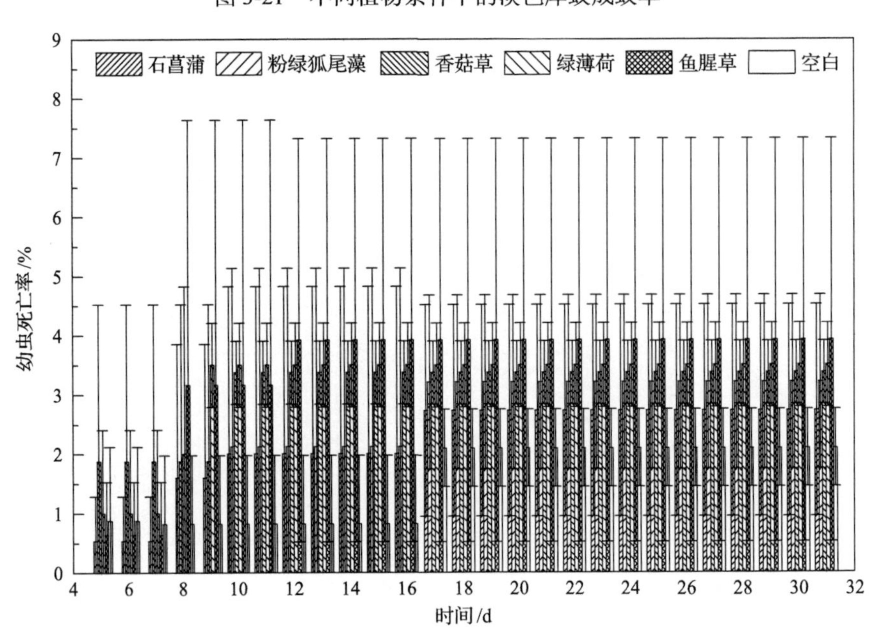

图 3-22　不同植物条件下的淡色库蚊幼虫死亡率

蚊的幼虫化蛹率、羽化率、成蚊率均接近 100%且在不同植物间以及有植物与无植物间并无显著差异；③淡色库蚊的幼虫死亡率范围为 2.10%±0.65%～3.92%±3.40%，其中，鱼腥草组的幼虫死亡率最高，绿薄荷组的次之，空白对照组的最低。植物的有无以及植物种类可能会影响实验装置中的光照强度，也可能会影响实验装置中溶解性物质的成分及含量，这些物质可能是蚊幼虫生长发育的营养物又可能是蚊幼虫生长发育的驱避物。不同植物条件下的蚊虫产卵数及孵化率有较大差异，但不同植物条件下的化蛹率和羽化率差异较小。这进一步说明：五种植物对蚊虫的影响主要表现在蚊虫的产卵和孵化，而不是表现在幼虫的生长发育。

3. 植物对蚊虫发育历期和发育速率的影响

由图 3-23 分析可知：①有植物组的成蚊前期(卵期+幼虫期+蛹期)的发育历期均较无植物组的稍长，其中，绿薄荷组卵期较其他四种植物长 0.5d；②有无植物以及不同植物对成蚊前期的发育速率影响较小。综合而言，植物的有无对蚊虫的发育历期和发育速率的影响较小。

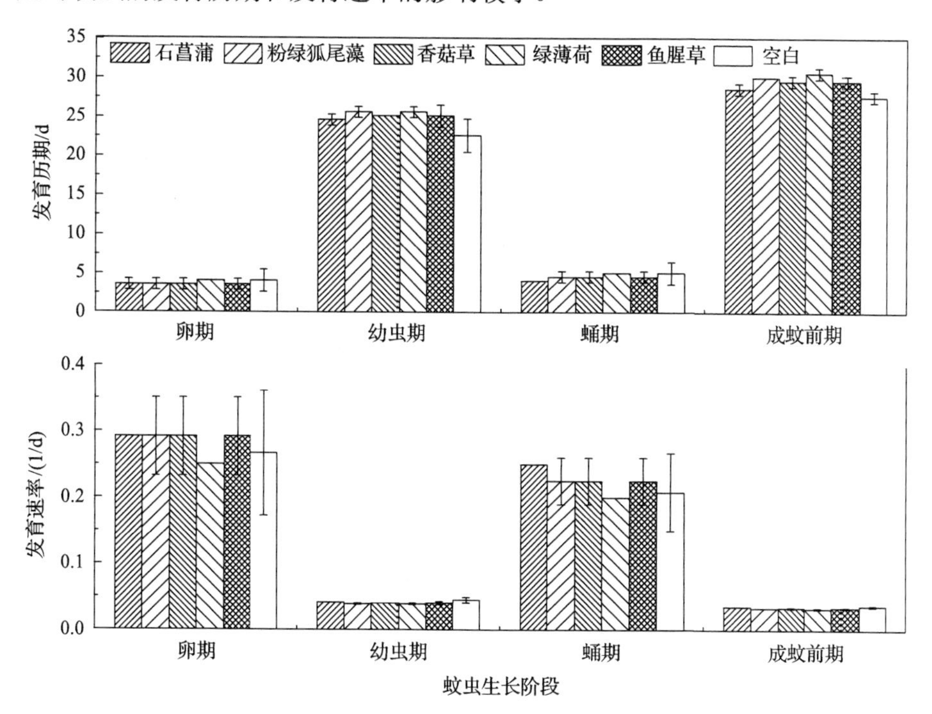

图 3-23　不同植物条件下的淡色库蚊各生长阶段的发育历期及发育速率

3.3.3　水生动物对蚊虫生长发育的影响

水生动物是水体生态系统中的重要组成。水生动物群落结构和功能的修复是水体生态修复的重要内容和目标。

与蚊幼虫孳生相关的水生动物主要有游泳动物、浮游动物、甲壳动物以及底栖动物。

水生动物与蚊幼之间可能会形成竞食关系，从而减少水中蚊幼(蛹)数量，降低蚊害风险。

自2014年5月30日至2014年6月30日开展水生动物对蚊幼虫生长发育的影响。实验所用蚊虫(图3-24)同3.3.2节，所用浮游动物和食蚊鱼均采集自河道(上海市工业河和长浜河)现场，但因从河道中采集的桡足类浮游动物数量较少，不足以支持实验的需要，因此以枝角类浮游动物——蚤状溞(*Daphnia pulex*)为代表开展浮游动物与蚊幼虫的竞争效应实验。借助立体显微镜筛选出种类相同且大小相当的水生动物。

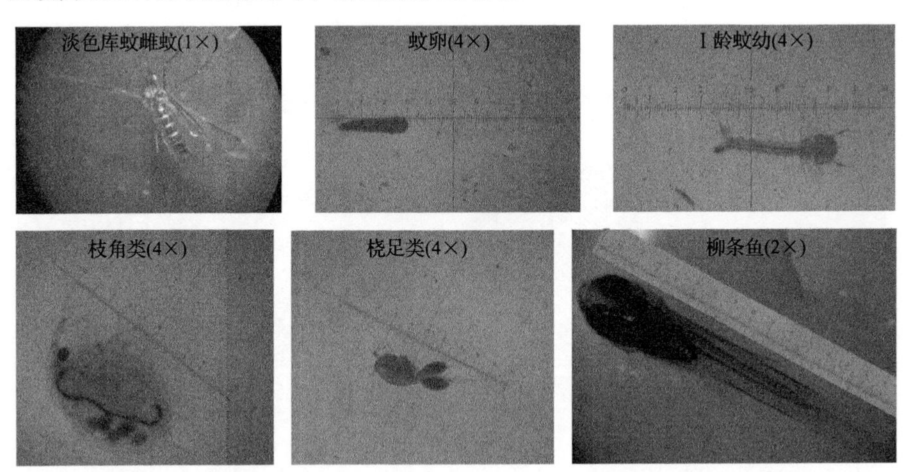

图3-24　水生动物对蚊虫生长发育影响实验的受试蚊虫和水生动物

选用同批次淡色库蚊Ⅰ龄蚊幼作为实验对象，考察枝角类浮游动物(蚤状溞，体长约2.5mm)以及食蚊鱼(成年鱼体长约3cm、幼鱼体长约0.8cm)分别与蚊幼的共存情况。模拟实验在白色搪瓷碗(直径20cm，深度6cm)内进行，每个搪瓷碗内装0.5L经25#浮游生物网过滤后的工业河水，蚤状溞与蚊幼的数量比分别设为10∶10、20∶10、50∶10、100∶10、200∶10，食蚊鱼与蚊幼数量比设为1∶10，空白对照组包括10只蚤状溞、1尾食蚊鱼及10条Ⅰ龄蚊幼。另外，通过追加蚊幼的数量(每次追加 10 条 I 龄蚊幼)，比较食蚊鱼成年鱼(体长约 3cm)及幼鱼(体长约 0.8cm)对蚊幼致死率的影响。食蚊鱼在实验前禁食 12h，实验设三个重复组。定期记录蚊幼及水生动物的数量，计算蚊幼的死亡率。

为了考察食蚊鱼对蚊幼的捕食选择性，将食蚊鱼幼鱼/成年鱼、I～IV龄蚊幼各一条、蚤状溞各一只置于盛有 0.5L 过滤后的工业河水的搪瓷碗内，食蚊鱼在实验前禁食 12h，实验设三个重复组，并定时记录各类动物数量的动态变化情况。

1. 浮游动物与蚊幼共存时的竞争效应

由图 3-25 分析可知：①蚤状溞与淡色库蚊 I 龄蚊幼的数量比为 10∶10 时，两者之间的干扰很小，死亡率均为 0%，此时，两者之间可能存在食物竞争关系，但没有捕食和被捕食的关系[55]；②蚤状溞与 I 龄蚊幼的数量比增加至 200∶10 时，蚊幼死亡率增加至 100%，此时，两者之间既存在食物竞争关系又存在捕食(蚤状溞)和被捕食(蚊幼)关系[56]。但当IV龄蚊幼化蛹后，其生长发育受蚤状溞的影响将大大减少，这一方面是因为蚊幼化蛹后无须进食，另一方面是因为蚊蛹的发育历期相对较短(两天左右即可羽化)，第三方面是因

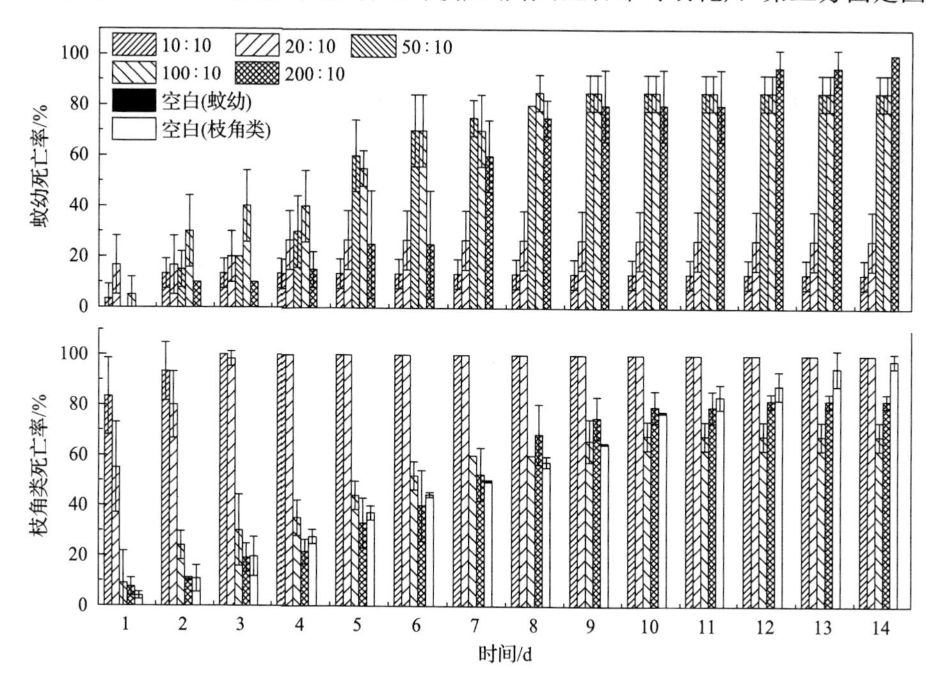

图 3-25　蚤状溞与蚊幼共存时的竞争关系

为蚊蛹遇惊吓时可快速潜入水中，且蚊蛹可离开水体并在潮土上存活，避免或减少了被捕食的风险[57]；③蚤状溞的死亡率随着蚊幼虫与蚤状溞的数量比增加而下降，但随着实验时间的延长而增加。

蚤状溞是大型枝角类浮游动物，其在水体中的生态位与蚊幼虫相近(在污染较重的水体中孳生)，且在蚊虫的天敌生物中属于小型和较低等类。食物丰度的变化会导致蚤状溞生长和代谢所需物质能量的分配变化，在较低食物丰度条件下培养的蚤状溞将分配相对较少物质能量用于生长和繁殖，而分配较多的物质能量用于呼吸、甲壳形成等基本代谢活动[58]。随着实验时间的增加，水中食物不断减少，加上存在种内竞争关系，蚤状溞死亡率有上升趋势。在实验结束时(第 14 天)，10∶10 和 20∶10 两个实验组的蚤状溞死亡率均达 100%，这一方面说明水中食物已极度匮乏且无法继续维持蚤状溞和蚊幼虫的生长繁殖，同时也说明存在异类(蚤状溞与蚊幼虫)相食和同类(蚤状溞与蚤状溞、蚊幼虫与蚊幼虫)相食的复杂食物链关系，即异类(蚤状溞与蚊幼虫)相食和同类(蚤状溞与蚤状溞、蚊幼虫与蚊幼虫)相食的食物链关系因食物丰度以及捕食者与被捕食者的种类、数量比、龄期及体型而变。通俗地说，蚊虫与天敌之间主要是“敌多蚊少、敌强蚊弱”，且在特殊情况下是“敌有蚊无”。

2. 食蚊鱼对蚊幼生长发育的影响

分别考察成年食蚊鱼(体长约 3cm)及食蚊鱼幼鱼(体长约 0.8cm)对Ⅰ龄淡色库蚊幼虫死亡率和致死时间的影响，食蚊鱼与蚊幼数量比设为 1∶10，实验时长为 6.0h。结果如图 3-26 所示。

(1)无论成年食蚊鱼还是食蚊鱼幼鱼，对蚊幼虫的捕食量都随时间的增加而增加。

(2)食蚊鱼幼鱼对蚊幼的捕食呈现先快后慢的规律，而成年食蚊鱼对蚊幼的捕食呈现先慢后快的规律。食蚊鱼幼鱼对第一次 10 条Ⅰ龄蚊幼的捕食速率明显快于第二次和第三次，而成年食蚊鱼则相反，其对第二次和第三次 10 条Ⅰ龄蚊幼的捕食较第一次表现出了更高的效率，并且，成年食蚊鱼对蚊幼虫的捕食存在一个时滞现象(“开口”晚于幼鱼)。

(3)食蚊鱼幼鱼对Ⅰ龄蚊幼的捕食强度为(2.58±0.82)条/(尾·小时)，而 1 尾成年食蚊鱼对Ⅰ龄蚊幼的捕食强度为(3.78±0.72)条/(尾·小时)，即成年食蚊鱼对蚊幼的捕食量大于食蚊鱼幼鱼。

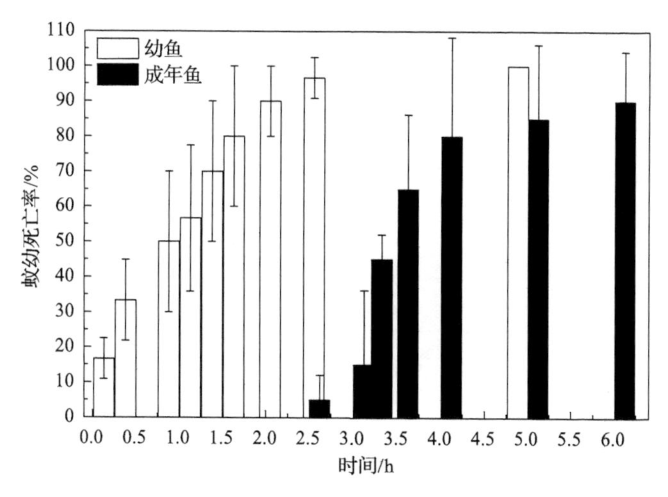

图 3-26　食蚊鱼与蚊幼共存时的蚊幼死亡率

由于食蚊鱼具有开口早、捕食速率快、捕食效率高等特点[59-63]，且其仔鱼开口捕食时口裂宽可达(1.2±0.25)mm，显著大于多数小型卵生鱼类仔鱼同期口裂，有利于拓宽食物选择范围。考察和比较了模拟实验条件下食蚊鱼对淡色库蚊幼虫和浮游动物的选择性(表 3-8)。结果显示，食蚊鱼幼鱼倾向于优先捕食个体尺寸较小的低龄(Ⅰ龄和Ⅱ龄)蚊幼和浮游动物，而成年食蚊鱼则优先捕食枝角类和桡足类浮游动物，然后捕食Ⅰ～Ⅲ龄蚊幼，最后捕食高龄(Ⅳ龄)蚊幼。食蚊鱼对Ⅰ～Ⅳ龄蚊幼的捕食优先顺序为：低龄蚊幼(Ⅰ～Ⅲ龄)＞高龄蚊幼(Ⅳ龄)，这与白色大剑水蚤捕食埃及伊蚊蚊幼的规律一致[64]。另一方面，食蚊鱼对枝角类和桡足类浮游动物的捕食选择性并不明显，这与他人[65]的研究结果有所不同(食浮游生物鱼类在捕食食物时，优先选择的是枝角类，而不是桡足类)，可能与鱼的种类及浮游动物的个体大小有关。

食蚊鱼是一种广温性、近岸活动的中上层小型鱼类。食蚊鱼在摄食时，喜欢捕食水面上、会动的活体猎物，对死亡、静止不动的猎物不敏感。产后 10 天的鱼苗已经可以捕食长度约为自身体长一半的蚊幼，且捕食效率相当高。食蚊鱼在捕食时是“狼吞虎咽”，不加咀嚼，因此解剖时还能在其肠前段见到蚊幼的活体。取 1 条食蚊鱼和 1 条Ⅰ龄淡色库蚊幼虫同置于搪瓷碗内，待蚊幼被捕食后，即刻对食蚊鱼进行解剖，并于立体显微镜下观察。可明显看到，食蚊鱼肠道中还有没来得及消化的蚊幼的呼吸管及腹部掌状毛(图 3-27)。在化学杀虫剂抗药性不断增加的情况下，生物法，尤其是通过养殖食蚊鱼来控制水中蚊幼密度不失为一种安全和高效的方法[65]。但是，食蚊鱼对生境条件的要求比蚤状溞更高，水体污染严重特别是溶解氧含量过低会影响食蚊鱼的生存和繁殖[66]。因此，食蚊鱼和蚤状溞对蚊幼虫的捕食可能存在“错位现象”，也可能存在“同位现象”：水体污染严重且溶解氧含量较低时蚤状溞等浮游动物是蚊幼虫的主要捕食者，水体污染较轻且溶解氧含量较高时食蚊鱼等游泳动物是蚊幼虫的主要捕食者，且两类天敌生物之间会相互捕食。

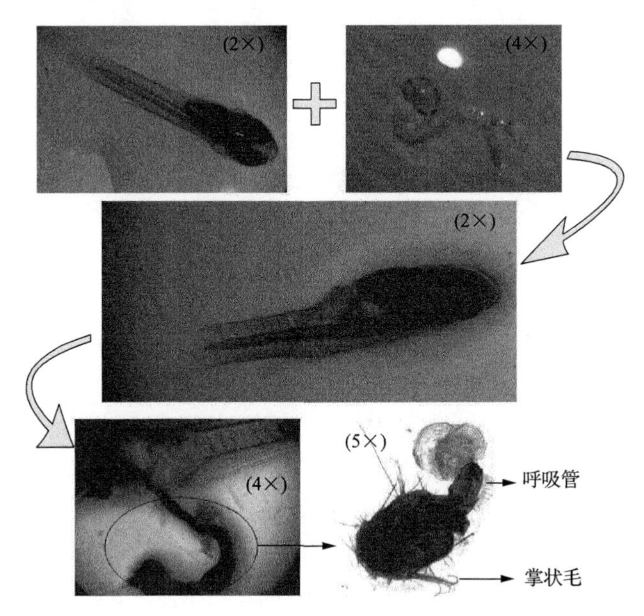

图 3-27　捕食蚊幼后食蚊鱼解剖图

从上到下并按箭头方向依次为：食蚊鱼、Ⅰ龄蚊幼、捕食蚊幼后的食蚊鱼、食蚊鱼肠道里的蚊幼、尚未消化的蚊幼呼吸管及腹部掌状毛。

表 3-8　食蚊鱼对蚊幼和浮游动物的捕食选择性

	时间/h	Ⅰ龄蚊幼死亡率/%	Ⅱ龄蚊幼死亡率/%	Ⅲ龄蚊幼死亡率/%	Ⅳ龄蚊幼死亡率/%	枝角类死亡率/%	桡足类死亡率/%
幼鱼	0.08	66.67±57.74	66.67±57.74	0±0	0±0	66.67±57.74	66.67±57.74
	0.33	66.67±57.74	66.67±57.74	0±0	0±0	66.67±57.74	66.67±57.74
	0.67	100±0	100±0	0±0	0±0	100±0	100±0
	1.00	100±0	100±0	33.33±57.74	33.33±57.74	100±0	100±0
	1.33	100±0	100±0	33.33±57.74	33.33±57.74	100±0	100±0
	5.00	100±0	100±0	66.67±57.74	66.67±57.74	100±0	100±0
	8.00	100±0	100±0	100±0	100±0	100±0	100±0

续表

	时间/h	Ⅰ龄蚊幼死亡率/%	Ⅱ龄蚊幼死亡率/%	Ⅲ龄蚊幼死亡率/%	Ⅳ龄蚊幼死亡率/%	枝角类死亡率/%	桡足类死亡率/%
成年鱼	0.08	0±0	0±0	0±0	0±0	50.00±70.71	50.00±70.71
	0.58	0±0	50.00±70.71	0±0	0±0	50.00±70.71	50.00±70.71
	1.00	50.00±70.71	50.00±70.71	50.00±70.71	0±0	100±0	100±0
	1.33	50.00±70.71	50.00±70.71	50.00±70.71	0±0	100±0	100±0
	2.42	50.00±70.71	50.00±70.71	100±0	50.00±70.71	100±0	100±0
	5.00	100±0	100±0	100±0	100±0	100±0	100±0

3.4　污水生态处理与蚊幼虫生长发育的关系

3.4.1　引言

污水的生态处理主要包括人工湿地、生态浮床以及生物氧化塘等。与其他的污水处理技术/设施相比，污水生态处理具有凸显的自然相容性，突出表现在生物多样性或伴生生物，其中包括蚊虫(幼虫和成虫)。

Kengne 等[67]对喀麦隆某污水生态处理系统(生态浮床)中蚊虫的孳生规律及其影响因素进行了研究。Walton 等[68]研究了美国加利福尼亚某人工湿地-植物浮床系统的蚊虫孳生规律及其影响因素。

我国污水的生态处理正处于快速发展时期，急需研究和解决这类污水处理系统运行过程中可能带来的蚊害问题。

模拟实验基地位于上海市普陀区华东师范大学中山北路校区的南岛(121.412654°E，31.229428°N，简称为“南岛实验基地”)，北面是丽娃河、东面和南面是居民区、西有学生宿舍区(图 3-28)，血源丰富且植物较多。模拟实验系统的组成及平面布局如图 3-29 所示，进水(化粪池生活污水)→厌氧消化池→曝气生化池→沉淀池→人工湿地(湿地一、湿地二)→生态河岸带(河岸带一、河岸带二、河岸带三)→生态浮床池(浮床一、浮床二、浮床三、浮床四)，总体分为主体单元(厌氧消化池、曝气生化池、沉淀池、人工湿地、河岸带、浮床池)和附属设施(进出水、曝气机和蠕动泵)两大部分，其中，厌氧消化池为密闭空间，曝气生化池的扰动(噪声和水面)较大，沉淀池属于物理法处理设施，故此三者不作为研究对象。各处理单元尺寸及构造见表 3-9。

图 3-28　污水生态处理模拟实验系统区位图

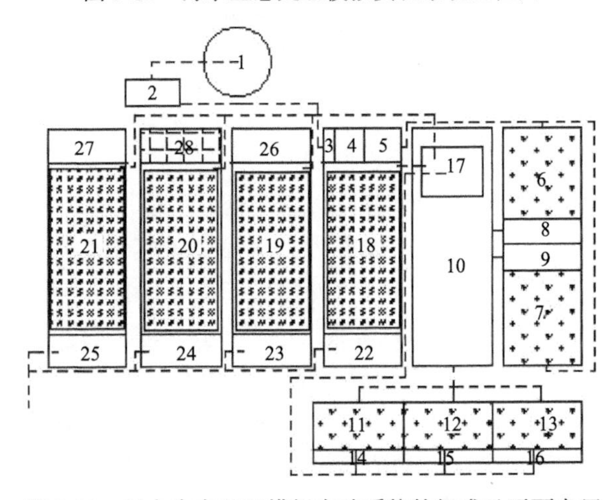

图 3-29　污水生态处理模拟实验系统的组成及平面布局

1.进水桶(抽取化粪池的生活污水)；2.厌氧消化池；3.厌氧出水槽；4.曝气生化池；5.沉淀池；6.湿地一；7.湿地二；8.湿地一出水槽；9.湿地二出水槽；10.湿地出水总混合槽；11.河岸带一；12.河岸带二；13.河岸带三；14.河岸带一出水槽；15.河岸带二出水槽；16.河岸带三出水槽；17.河岸带出水混合桶；18.浮床一；19.浮床二；20.浮床三；21.浮床四；22.浮床一出水槽；23.浮床二出水槽；24.浮床三出水槽；25.浮床四出水槽；26.浮床二内槽；27.浮床四内槽；28.水循环泵组。

表 3-9　污水生态处理模拟实验系统各单元尺寸及构造

单元	尺寸/m			构造
	长	宽	深	
厌氧消化池	0.4	0.1	0.9	PVC 箱体
曝气生化池	0.4	0.4	0.9	PVC 箱体，内置弹性填料和曝气头
沉淀池	0.4	0.4	0.9	PVC 箱体
人工湿地一	1	0.7	0.8	砖混结构，铺垫 70cm 陶粒，种植 20 株菖蒲
人工湿地二	1	0.7	0.8	砖混结构，下方铺垫 25cm 沸石，上方铺垫 45cm 陶粒，种植 20 株菖蒲
湿地出水槽	0.7	0.3	0.8	砖混结构，两个湿地出水池尺寸相同
湿地出水总混合槽	2.7	0.7	0.7	砖混结构，A3 钢板淹没出水
河岸带一	1.6	1	0.2	PVC 箱体，与地面呈 30°倾斜角，120kg 自然土+120kg 陶粒的混合基质，播种 1kg 黑麦草草种
河岸带二	1.6	1	0.2	PVC 箱体，与地面呈 30°倾斜角，120kg 腐质土+120kg 陶粒+45kg 沸石的混合基质，播种 1kg 黑麦草草种
河岸带三	1.6	1	0.2	PVC 箱体，与地面呈 30°倾斜角，120kg 腐质土+120kg 陶粒的混合基质，播种 1kg 黑麦草草种
河岸带出水槽	0.17	0.5	0.35	PVC 箱体，与地面呈 30°倾斜角
河岸带混合桶	0.5	0.5	0.7	方形塑料桶
浮床池一	2.7	0.7	0.7	砖混结构，PVC 管+尼龙网+两层稻草+30 株水芹
浮床池二	2.7	0.7	0.7	砖混结构，PVC 管+尼龙网+两层稻草+30 株水芹并设内循环
浮床池三	2.7	0.7	0.7	砖混结构，PVC 管+尼龙网+底部一层毛毡+上部一层稻草+30 株水芹
浮床池四	2.7	0.7	0.7	砖混结构，PVC 管+尼龙网+底部一层毛毡+上部一层稻草+30 株水芹并设内循环
浮床内槽	0.3	0.7	0.7	砖混结构，两个内槽尺寸相同
浮床出水槽	0.7	0.3	0.7	砖混结构，四个浮床出水池尺寸相同

模拟实验系统从 2015 年 3 月开始建设，2015 年 5 月投入运行至 2016 年 8 月结束。采集蚊幼并鉴定和计数，采集水样并分析和评价。

蚊幼密度 I：蚊幼和蛹数量(N_l)与采样勺数(N_p)的比值。

$$I = \frac{N_l}{N_p} \tag{3-3}$$

水质综合污染指数 P：选取 pH、TN、TP、BOD_5、COD_{Cr}、TOC 等指标按下式计算：

$$P = \frac{1}{n}\sum_{i=1}^{n} P_i \tag{3-4}$$

$$P_i = C_i / S_i \tag{3-5}$$

式中，P 为综合污染指数；P_i 为 i 类污染物污染指数；n 为污染指标种类数；C_i 为 i 类污染指标实测浓度；S_i 为 i 类污染指标环境质量标准。在国家地表水环境质量标准(GB3838—2002) V 类水标准中，BOD_5、TN(湖库)、TP、COD_{Cr} 所对应的标准值分别为 10mg/L、2.0mg/L、0.4mg/L、40mg/L。

相关性检验：使用 SPSS19.0 进行相关性的检验。

3.4.2 污水生态处理系统的蚊幼种群特征及其时空分布

将污水生态处理模拟实验系统中采集的蚊幼带回实验室培养，羽化后鉴定发现，该系统中淡色库蚊是绝对优势蚊种，占比高达 99.62%，而白纹伊蚊占比仅有 0.38%，这与不同种类蚊虫适宜的生境有关：淡色库蚊适宜在污水及水污染较严重的水体中孳生。

模拟实验系统中蚊幼阳性率(%)及蚊幼密度(只/勺)变化规律和蚊幼密度(只/勺)逐月变化规律如表 3-10 和如图 3-30 所示。分析可知：春夏季(4～6 月)是淡色库蚊的主要繁殖期，此期间，蚊幼阳性率和蚊幼密度会出现急剧增加并在 6 月份(中上旬)达到顶峰。这符合上海地区淡色库蚊孳生的一般规律：6 月份是上海地区的黄梅期，闷热和潮湿的天气为蚊虫孳生提供了良好的气候条件。但蚊幼的阳性率峰值及密度峰值在 2015 年和 2016 年稍有差异，这可能与两年的气候差异有关。

表 3-10　污水生态处理模拟实验系统的蚊幼阳性率及密度逐月变化规律

日期	阳性率/%	蚊幼密度/(只/勺)	日期	阳性率/%	蚊幼密度/(只/勺)
2015-5-10	79.6	25	2015-8-4	13.0	0.24
2015-5-20	81.5	25	2015-8-11	5.6	0.07
2015-5-29	88.9	44	2015-8-27	11.1	0.59
2015-6-4	96.3	39	2015-9-2	20.4	0.22
2015-6-11	96.3	45	2015-9-9	25.9	1.7
2015-6-18	96.3	27	2015-9-16	14.8	3.1
2015-6-25	86.5	8.3	2015-9-23	7.4	2.1
2015-7-9	63.0	3.3	2015-9-29	13.0	2.9
2015-7-19	42.6	1.6	2015-10-8	2.0	0.06
2015-7-30	25.9	0.69	2015-10-15	9.3	0.41

续表

日期	阳性率/%	蚊幼密度/(只/勺)	日期	阳性率/%	蚊幼密度/(只/勺)
2015-10-21	5.6	0.46	2016-6-6	100	58
2015-10-28	7.7	2.1	2016-6-9	92.6	40
2015-11-4	7.7	1.7	2016-6-13	81.5	31
2015-11-11	7.7	0.38	2016-6-15	86.5	41
2015-11-18	0.0	0	2016-6-18	84.6	26
2015-11-27	0.0	0	2016-6-21	73.1	13
2016-4-4	0.0	0	2016-6-26	54.0	10
2016-4-9	9.3	0.80	2016-6-29	59.6	17
2016-4-14	11.1	1.0	2016-7-1	51.9	14
2016-4-16	11.1	0.94	2016-7-6	35.2	3.5
2016-4-19	11.1	0.17	2016-7-12	17.3	0.25
2016-4-22	13.0	0.24	2016-7-19	9.6	0.19
2016-5-2	3.7	0.07	2016-7-26	0.0	0
2016-5-6	7.4	0.11	2016-8-3	0.0	0
2016-5-10	37.0	3.9	2016-8-10	0.0	0
2016-5-14	38.9	4.6	2016-8-17	0.0	0
2016-5-17	53.7	11	2016-8-24	0.0	0
2016-5-20	37.0	14	2016-9-1	0.0	0
2016-5-23	55.6	24	2016-9-10	0.0	0
2016-5-26	64.8	37	2016-9-17	4.2	0.15
2016-5-30	59.3	34	2016-9-28	2.2	0.09
2016-6-2	85.2	120			

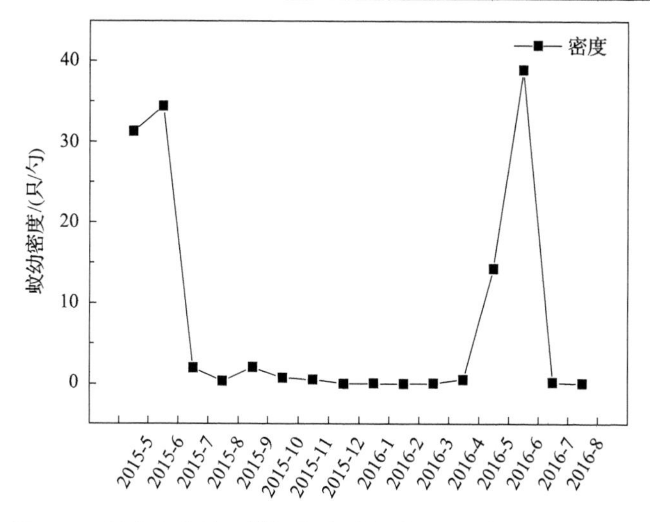

图 3-30　污水生态处理模拟实验系统的蚊幼密度逐月变化规律

3.4.3 污水生态处理系统的蚊幼密度及其与水质的关系

污水生态处理模拟实验系统的主体单元蚊幼密度与相关水质指标如表 3-11 所示。

表 3-11 污水生态处理模拟实验系统的蚊幼密度与相关水质指标

处理单元	蚊幼密度	TN	TP	BOD_5	COD_{Cr}	*P* 值	TOC	水质评价
湿地一出水槽	2.1	14.5	0.994	19.3	49	3.23	7.77	严重污染
湿地二出水槽	3.4	8.93	0.733	21.0	36	2.32	5.86	严重污染
河岸带一出水槽	0.9	5.84	0.615	13.7	30	1.65	5.36	重污染
河岸带二出水槽	3.7	6.92	2.03	17.3	52	2.90	6.13	严重污染
河岸带三出水槽	1.4	8.51	2.31	16.7	48	3.22	7.53	严重污染
浮床一出水槽	6.5	3.14	0.785	17.1	35	1.53	7.84	重污染
浮床二出水槽	5.9	2.73	0.866	16.7	32	1.50	7.33	重污染
浮床三出水槽	5.2	2.19	0.680	15.5	32	1.29	7.64	重污染
浮床四出水槽	8.9	2.63	0.941	18.1	32	1.57	7.89	重污染

注：蚊幼密度单位为只/勺，水质指标单位为 mg/L，*P* 值无量纲。

将蚊幼密度与水质指标进行相关性分析，结果如表 3-12 所示。

表 3-12 污水生态处理模拟实验系统的蚊幼密度与水质指标的相关性

	相关类型	相关系数	显著性(双侧)
BOD_5	Spearman	0.433	0.244
COD_{Cr}	Spearman	0.717*	0.030
TP	Spearman	0.767*	0.016
TN	Spearman	0.817**	0.007
TOC	Spearman	0.850**	0.004
P 值	Spearman	0.817**	0.007

注：*在 0.05 水平上显著相关，**在 0.01 水平上显著相关。

由表 3-11 和表 3-12 分析可知：该模拟实验系统的三种主体单元设施(湿地、河岸带、浮床)中，平均蚊幼密度最高的是浮床出水槽，湿地出水槽的居中，河岸带出水槽的最低。蚊幼密度与 *P* 值以及 TOC、TN、TP、COD_{Cr} 浓度呈显著和较显著的正相关性，这说明淡色库蚊适合于污染较重且碳氮磷营养较丰富的水中(浮床出水)，如果水质污染太过严重(湿地二出水槽、河岸带三出水槽)，则蚊幼可能因为缺氧而受到抑制。

3.5　曝气对蚊虫产卵及幼虫生长发育的影响

3.5.1　引言

人工曝气是污染水体治理/修复中的必要措施，机械曝气、鼓风曝气是污染水体人工曝气的主要类型。因水体污染程度及治理目标和资金等的不同，水体的人工曝气可以采用连续曝气、间歇曝气、高强度曝气、低强度曝气等不同的运行模式，另外，为了预防水体中垃圾(生活垃圾以及植物的凋落物)对曝气机运行的影响，有时需在曝气机附近设置围隔防护。

下面介绍人工曝气强度、方式以及围隔有无对蚊虫产卵及幼虫生长发育影响的实验设计及实验结果。

1. 曝气强度和方式对蚊虫产卵选择性影响的实验设计

模拟污染水体的人工曝气条件，考察曝气强度和曝气方式对雌蚊产卵选择性的影响。以 CR-30R 型双头增氧泵(功率 3.5W，压力 0.02MPa，单头最大充气量 1.5L/min)和 ACO-002 型电磁式 6 头空气泵(功率 35W，压力 0.03MPa，最大充气量 40L/min)为充氧设备。设低强度曝气(3L/min)、高强度曝气(40L/min)的两个曝气强度(以充气量计)以及连续和间歇两种曝气方式，并与无曝气(0L/min)的实验组进行对比。每个实验组的蚊帐内放置已饱吸血淡色库蚊雌蚊成虫 6 只。

2. 曝气方式和围隔有无对蚊卵孵化及幼虫生长发育影响的实验设计

实验装置为塑料箱(收纳箱)，在箱底放置曝气头，用软质围隔将箱体隔成两部分，分别为扰动区(有曝气头的一侧)和静止区(无曝气头的一侧)。曝气分为连续曝气、间歇曝气(16:00～次日 7:00)两种方式。采集 4 个区域(连续曝气扰动区、连续曝气静止区、间歇曝气扰动区、间歇曝气静止区)中幼虫及蛹的数量。其他实验条件同“1.曝气强度和方式对蚊虫产卵选择性影响的实验设计”。

3.5.2　曝气强度和方式对蚊虫产卵的影响

如图 3-31 和图 3-32 所示，连续的低强度曝气和高强度曝气的实验组均无蚊卵出现，而间歇曝气的实验组有少量蚊卵，无曝气的对照组有大量蚊卵。说明曝气能显著抑制雌蚊产卵，且不同曝气方式之间有较显著的差异。曝气对蚊虫产卵的抑制可能与曝气机产生的噪声和水面扰动有关，还可能与曝气产生的气泡有关。

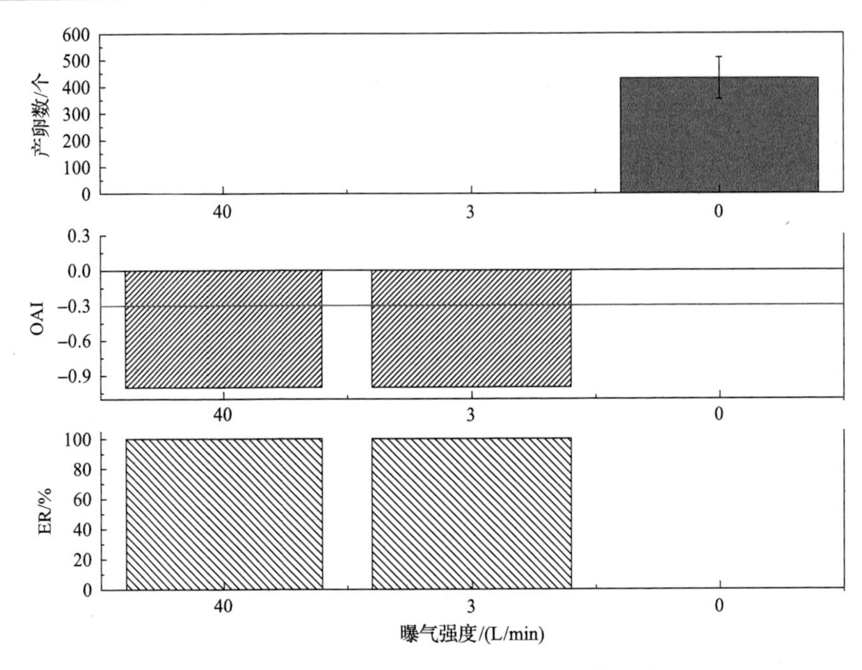

图 3-31　曝气强度对成蚊产卵选择性的影响

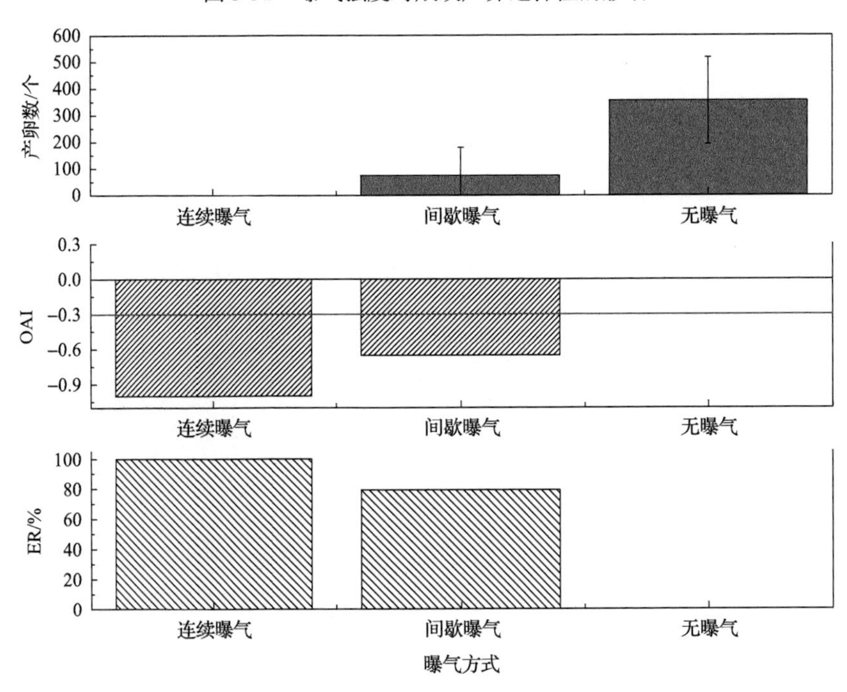

图 3-32　曝气方式对成蚊产卵选择性的影响

3.5.3 曝气方式和围隔有无对蚊卵孵化及幼虫生长发育的影响

由表 3-13 分析可知，①连续曝气的蚊幼和蛹数量明显少于间歇曝气的(连续曝气的幼和蛹总数仅为间歇曝气的 40%和 41%)，连续曝气对幼虫的生长发育有更强的抑制作用；②无论是连续曝气还是间歇曝气，扰动区的蛹数量明显少于静止区(连续曝气扰动区的仅为静止区的 8%、间歇曝气扰动区的为静止区的 48%)，说明扰动对幼虫的化蛹有明显的抑制作用；③在间歇曝气实验组，扰动区的幼虫数量与静止区相差不大(扰动区的为静止区的 80%)，但扰动区的蛹数量较静止区大为减少(扰动区的仅为静止区的 48%)；④随着运行时间的增加，所有实验组的蚊幼虫数量均逐渐下降，其中，连续曝气的扰动区下降最快(48h 内下降 63%)，而间歇曝气的静止区蚊幼虫下降最慢(504h 内仅下降 7%)。

表 3-13　不同曝气条件下的蚊幼及蛹数量

运行时长/h	连续曝气				间歇曝气			
	扰动区		静止区		扰动区		静止区	
	幼数/只	蛹数/只	幼数/只	蛹数/只	幼数/只	蛹数/只	幼数/只	蛹数/只
0	100	0	100	0	100	0	100	0
48	37	0	96	0	90	0	100	0
72	35	0	95	0	88	0	100	0
96	33	0	90	0	84	0	96	0
120	33	0	90	0	80	0	96	0
144	27	0	87	0	78	0	96	0
168	25	0	85	0	78	0	96	0
192	23	0	85	0	76	0	96	0
216	23	0	83	0	73	0	96	0
240	20	0	80	0	73	0	96	0
264	20	0	78	0	73	0	96	0
288	20	0	78	0	72	0	94	0
312	20	0	50	1	70	0	94	0
336	19	0	29	1	68	0	94	0
360	19	0	24	0	67	0	94	0
384	17	0	24	0	66	0	94	0
408	17	0	18	2	66	0	94	0

续表

运行时长/h	连续曝气				间歇曝气			
	扰动区		静止区		扰动区		静止区	
	幼数/只	蛹数/只	幼数/只	蛹数/只	幼数/只	蛹数/只	幼数/只	蛹数/只
432	13	0	16	2	66	0	94	0
456	13	0	13	3	64	1	94	0
480	10	1	11	2	57	0	93	1
504	8	0	9	0	55	2	93	0
528	7	0	7	1	55	0	69	2
552	6	0	3	0	55	0	67	2
576	5	0	1	0	53	0	58	1
600	5	0	1	0	40	1	42	2
624	3	0	0	1	36	0	42	0
648	3	0	0	0	36	0	40	0
672	3	0	0	0	33	0	53	4
696	3	0	0	0	31	2	52	1
720	2	0	0	0	31	0	39	2
744	2	0	0	0	31	0	29	2
768	2	0	0	0	29	2	19	3
792	2	0	0	0	22	1	17	0
816	2	0	0	0	20	2	16	1
840	2	0	0	0	13	0	16	0
864	2	0	0	0	6	0	14	0
888	2	0	0	0	6	0	10	2
912	2	0	0	0	6	0	6	0
936	2	0	0	0	6	0	4	0
960	2	0	0	0	6	0	2	0
984	2	0	0	0	6	0	2	0
1008	2	0	0	0	2	0	2	0
累计	593	1	1253	13	2067	11	2605	23

在本模拟实验条件下，幼虫数及蛹数主要受水力扰动、食物丰度以及溶解氧含量的影响，其中，四个实验组的初始食物丰度都是相同的，且都是随着时间增加，食物不断消耗，使得幼虫数及蛹数也不断减少，四个实验组均有曝气，其溶解氧含量均能满足幼虫及蛹的呼吸，但四个实验组的水力扰动有较大不同，扰动强度从大到小的顺序为：连续曝气扰动区＞间歇曝气扰动

区＞连续曝气静止区＞间歇曝气静止区。没有围隔且连续曝气的实验组，扰动太过强烈，会导致幼虫因严重损伤而死亡。因此，曝气机的围隔防护与水体的蚊害防控之间可能存在相斥的关系：过度防护会导致曝气机的扰动和推流功能下降，不利于控蚊。

3.6 混凝对蚊虫产卵和蚊卵孵化及幼虫生长发育的影响

3.6.1 引言

混凝是水处理和水环境治理中的常用技术方法。混凝处理可造成水样的 pH 值、浊度、颜色及色度、污染物浓度以及蚊幼虫食物丰度的变化，混凝处理后会形成上清液和沉积物的空间分离。这些过程及变化都可能影响蚊虫的产卵、蚊卵孵化及幼虫的生长发育。

本实验所用的淡色库蚊蚊卵和成蚊取自于上海市疾病预防控制中心的病媒生物防制室，属于实验室敏感品系。成蚊在 26～29℃、光周期为 13h∶11h (L∶D)、糖浓度为 10%的条件下下饲养，蚊幼虫在同样温度和光暗周期的脱氯自来水中饲养，蚊卵孵化后 24h 内投加 0.1g 灭菌鼠粮，之后每隔 48h 投加 0.25g 灭菌鼠粮，按照幼虫龄期适当增减。饲养时及实验中的蚊幼虫化蛹后用吸管移出，放入蚊笼中单独培养。待产雌蚊在实验前的 24h 开始吸血，血源为实验室用昆明小鼠。

成蚊产卵选择倾向性实验使用的是羽化时间超过 72h 的成蚊，在实验开始前至少 24h 将固定好的小白鼠放入蚊笼以供雌性成蚊吸血。实验在雌蚊吸血行为发生 24h 后开始，将两个诱卵杯放入蚊笼中，分别是 1#诱卵杯(200mL 脱氯自来水+20mL PACl 水溶液，记为 O1)和 2#诱卵杯(220mL 脱氯自来水，记为 O2)，之后每隔 24h 观察记录 O1 和 O2 中的产卵情况，并从诱卵杯中移除所有蚊卵。

实验中，雌蚊在两个诱卵杯(O1 和 O2)的产卵被计为有效产卵，由于同一只淡色库蚊的雌蚊单次产下的所有蚊卵会聚集在一起呈筏块状漂浮在水面，因此较容易分辨出有效产卵的雌蚊数量。实验开始后，每次观察到并移除 O1 和 O2 诱卵杯中出现的所有蚊卵被视为一次独立观测，记录一次数据。

实验分为两个平行对照组，两者仅在 O1 和 O2 诱卵杯的摆放位置上有所区别，其余环境条件保持一致，用以排除诱卵杯摆放次序对实验结果的影响。实验装置如图 3-33 所示。

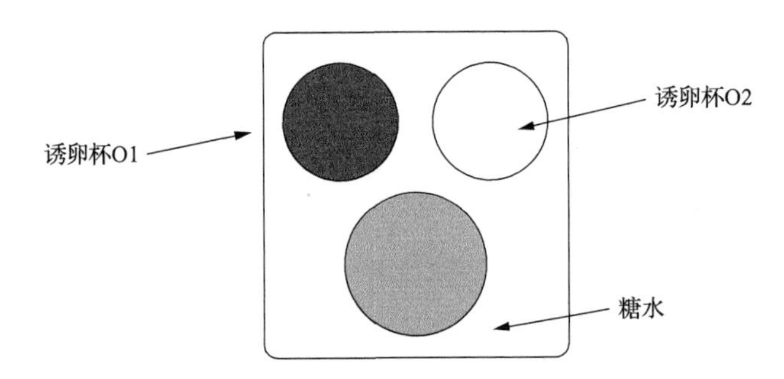

图 3-33　混凝对成蚊产卵影响的实验装置图

混凝对雌蚊成虫产卵影响的实验结果用有效产卵次数表示，数据分析采用 IBM SPSS 软件进行 Mann-Whitney *U* 非参数检验，以 $P<0.05$ 为差异显示统计学显著性。

混凝对蚊幼虫存活与生长发育过程影响的实验结果用幼虫存活数量的平均值(±SE)、化蛹数量的平均值(±SE)、半数致死时间(LT50)和 90%致死时间(LT90)来表示。

混凝剂采用聚合氯化铝(PACl，氧化铝的质量分数≥28.0%，盐基度为 88.7%，10g/L 水溶液的 pH 值为 4.5)。配制质量浓度为 10g/L 的 PACl 水溶液，搅拌均匀，备用。

主要材料和器具：诱卵杯(d=11cm，h=5.5cm)，1L 的玻璃烧杯，蚊笼(30cm×30cm×30cm)，双圈定量滤纸，数显精密增力电动搅拌器，光照恒温培养箱，脱氯自来水等。实验结果如表 3-14 所示。

3.6.2　混凝对蚊虫产卵的影响

由表 3-14 分析可知，两个诱卵杯的两批实验共有 320 次有效产卵，其中，O1 和 R2 有效产卵次数较 O2 和 R1 的多，表明混凝处理及重复实验对雌蚊有一定的诱卵效果。

表 3-14　混凝对成蚊产卵影响：各实验组有效产卵雌蚊数(单位：只)

	O1	O2	小计
R1	71	58	129
R2	111	80	191
小计	182	138	320

注：经过混凝的诱卵杯为 O1，未经过混凝的诱卵杯为 O2；第一批实验为 R1，第二批(重复)实验为 R2。

在持续时间约 30d 的 15 次实验中，O1 中有效产卵数量多于 O2 有效产卵数量的次数为 11 次，少于后者的次数为 3 次，剩余 1 次两者的数量相同。这表明 O1 对雌蚊产卵倾向的吸引作用是持续存在的。

O1 诱卵杯的水样经 PACl 混凝处理后呈现淡黄色(上清液及沉淀到下层的絮体)，雌蚊受此视觉影响而倾向于较多产卵。雌蚊产卵选择性受其视觉、嗅觉、触觉、信息素等多因素的影响[69]。黑臭水体以及腐殖质累积较多的小型容器，其水色较深并散发较重的异味，会对雌蚊产卵有一定的诱导作用。

3.6.3 混凝对蚊卵孵化及幼虫生长发育的影响

本实验在 1L 玻璃烧杯中进行，10g/L 的 PACl 投加量为 60mL/L(相当于 0.06%)，设 4 个实验组组 1～组 4，其中，组 1 为空白对照组，组 2 为有搅拌无混凝组，组 3 为有混凝无搅拌组，组 4 为既有搅拌又有混凝组。搅拌分为两个阶段：第一阶段为快速搅拌(300 转/分，15s)，第二阶段为慢速搅拌(100 转/分，2min)。操作完成后，4 个实验组均置于光照恒温培养箱中(L∶D=13h∶11h)，观察蚊卵孵化和幼虫发育的动态情况，每天记录蚊幼和蛹数量。

由图 3-34 和表 3-15 分析可知，①蚊幼数从多到少的顺序为：组 1＞组 2＞组 3＞组 4；②化蛹率从高到低的顺序为：组 1＞组 2＞组 3＞组 4；③组 4 中幼虫的 LT90 明显短于组 3；④幼虫数量随培养时间的延长而逐步减少，幼虫数量下降速率的顺序为：组 1＞组 2＞组 3＞组 4，且投加混凝剂的组 3 和组 4 的幼虫数量下降最快。

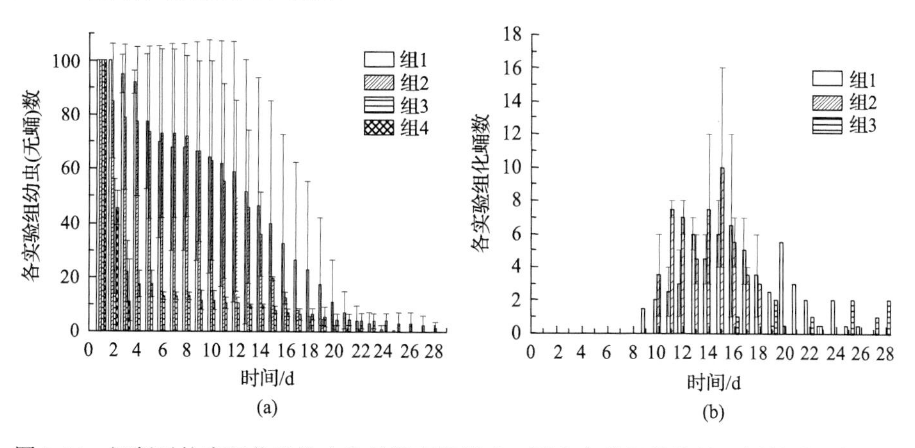

图 3-34 混凝对蚊卵孵化及幼虫生长发育的影响：四个实验组的蚊幼及蛹数量动态变化

表 3-15 混凝对蚊卵孵化及幼虫生长发育的影响：四个实验组的幼虫化蛹率、半致死率(LT50)和 90%致死率(LT90)

	化蛹率/%	LT50/d	LT90/d
组 1	56.5±23.5	—	—
组 2	53±6	—	—
组 3	6.5±0.5	2	14±4.5
组 4	0	2	8.7±7.3

本实验结果说明：搅拌和混凝对蚊卵孵化和幼虫生长发育有较明显影响，其中，混凝的影响效应大于搅拌，混凝与搅拌的叠加影响效应大于单独混凝也大于单独搅拌，且混凝对刚孵化出的 I 龄幼虫杀伤力最大，投加混凝剂后幼虫化蛹率也从 53%±6%(组 2)急剧下降到 6.5%±0.5%(组 3)，如果混凝叠加了搅拌(组 4)，则幼虫的化蛹率为 0。

混凝对蚊卵孵化和幼虫生长发育的影响，一方面与混凝剂的生物毒性有关，另一方面与混凝形成的絮体有关，絮体形成时“捕获”了一部分蚊卵并一起沉淀到烧杯底部，由于絮体沉淀物的物理阻隔，导致孵化出的幼虫因缺氧或难以取食而死亡。混凝后死亡蚊幼在絮体层中的分布如图 3-35 所示。

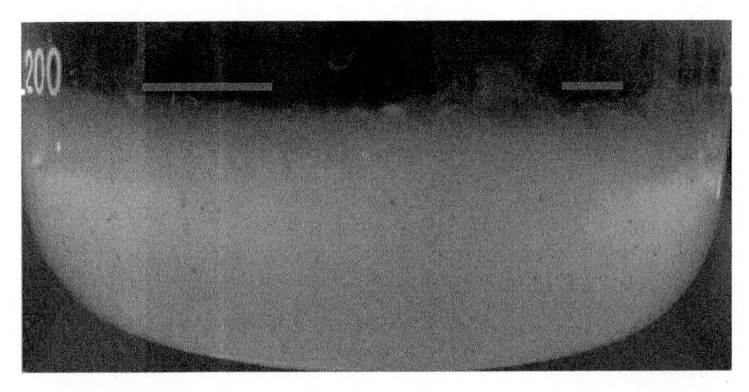

图 3-35 混凝对蚊卵孵化及幼虫生长发育的影响：混凝后死亡蚊幼在絮体层中的分布

值得注意的是：虽然混凝对雌蚊产卵有促进作用，但对蚊卵孵化和幼虫发育有抑制作用。蚊害风险的高低最终取决于蚊卵能否孵化以及幼虫能否发育成蛹。因此，混凝对蚊虫的综合影响属于抑制作用。

参 考 文 献

[1] Chang H. Spatial analysis of water quality trends in the Han River basin, South Korea [J]. Water Research, 2008, 42: 3285-3304.

[2] Ranade V. Human activities and health of rivers: Case study of a river basin in the peninsular India [R]. In: Proceedings of the 4th International Yellow River Forum on Ecological Civilization and River Ethics, 2010, 3: 213-217.

[3] Sala O E, Chapin F S, Armesto J J, et al. Biodiversity - Global biodiversity scenarios for the year 2100 [J]. Science, 2000, 287 (5459) : 1770-1774.

[4] Short A G. Governing change: Land-use change and the prevention of nonpoint source pollution in the north coastal basin of California [J]. Environmental Management, 2013, 51 (1) : 108-125.

[5] Wang X, Li J Q, Li Y X, et al. Is urban development an urban river killer? A case study of Yongding diversion channel in Beijing, China [J]. Journal of Environmental Sciences, 2014, 26 (6) : 1232-1237.

[6] Priyanka Y, Woodbridge A F, William J M, et al. Factors affecting mosquito populations in created wetlands in urban landscapes [J]. Urban Ecosystem, 2012, 15: 499-511.

[7] 刘维德. 上海蚊虫的孳生地及季节分布的研究[J]. 昆虫学报, 1954, 4 (4) : 434-446.

[8] 周正斌, 吕山, 张仪, 等. 上海市蚊媒种类、分布及其病原[J]. 中国媒介生物学及控制杂志, 2015, 26 (1) : 28-32.

[9] 黄民生, 马明海. 城市水体环境及其治理: 案例分析[M]. 北京: 中国建筑工业出版社, 2016.

[10] 余定坤. 典型城市黑臭河道温州市山下河治理前后水环境质量评价研究[D]. 上海: 华东师范大学, 2013.

[11] Sanford M R, Ramsay S, Cornel A J, et al. A preliminary investigation of the relationship between water quality and *Anopheles gambiae* larval habitats in western Cameroon [J]. Malaria Journal, 2013, 12 (2) : 143-151.

[12] Paaijmans K P, Wandago M O, Githeko A K, et al. Unexpected high losses of *Anopheles gambiae* larvae due to rainfall[J]. PLoS One, 2007, 2 (11) : 1146-1147.

[13] 奚国良. 气象因素对蚊虫密度的影响研究[J]. 中国媒介生物学及控制杂志, 2000, 11 (1) : 24-26.

[14] 曲传智, 张荣光, 苏天增, 等. 郑州中华按蚊自然种群生殖、存活和种群繁衍规律的研究[J]. 河南医科大学学报, 2000, 35 (5) : 403-407.

[15] 葛爱清. 双驱动动态膜压法研究水体黑臭现象[D]. 上海: 华东师范大学, 2007.

[16] White S A, Garrett W D. Mosquito control with monomolecular organic surface films: II. Larvicidal effect on selected Anopheles and Aedes species [J]. Mosquito News, 1977, 37: 344-348.

[17] 孙传红, 王怀位, 李怀菊, 等. 三种蚊虫饲养方法的比较研究[J]. 医学动物防制, 2002, 10: 528-529.

[18] 张琼花, 李杏, 刘珊, 等. 不同水质及饲料对 3 种蚊虫幼虫生长影响的观察[J]. 热带医学杂志, 2013, 13 (2) : 143-145.

[19] 冯云, 张海林, 亚红祥, 等. 云南三带喙库蚊实验种群的建立及生物学特性观察[J]. 中国媒介生物学及控制杂志, 2004, 15 (6) : 441-444.

[20] Delatte H, Gimonneau G, Triboire A, et al. Influence of temperature on immature development, survival, longevity, fecundity, and gonotrophic cycles of *Aedes albopictus*, Vector of chikungunya and dengue in the Indian ocean [J]. Journal of Medical Entomology, 2009, 46 (1) : 33-41.

[21] 李菊林, 朱国鼎, 周华云, 等. 不同温度下白纹伊蚊发育情况的观察[J]. 中国血吸虫病防治杂志, 2015, 27 (1) : 59-61.

[22] Farjana T, Tuno N, Higa Y. Effects of temperature and diet on development and interspecies competition in *Aedes aegypti* and *Aedes albopictus* [J]. Medical and veterinary entomology, 2012, 26(2): 210-217.

[23] Cui B, Yang Q, Yang Z, et al. Evaluating the ecological performance of wetland restoration in the Yellow River Delta, China[J]. Ecological Engineering, 2009, 35(7): 1090-1103.

[24] Hwang S J, Lee S W, Yoo B. Ecological conservation and the restoration of freshwater environments in Korea [J]. Paddy and Water Environment, 2014, 12: 1-5.

[25] Pan B, Yuan J, Zhang X, et al. A review of ecological restoration techniques in fluvial rivers [J]. International Journal of Sediment Research, 2016, 31(2): 110-119.

[26] Dickens S J M, Mangla S, Preston K L, et al. Embracing variability: Environmental dependence and plant community context in ecological restoration[J]. Restoration Ecology, 2016, 24(1): 119-127.

[27] Tong M, Li Z, Huang M S, et al. Study on purification of black-odors river water by floating-bed-grown *Lythrum Salicaria* with root regulation [J]. Advanced Materials Research, 2012, 518-523: 2235-2242.

[28] 黄民生, 曹承进. 城市河道污染控制、水质改善与生态修复[J]. 建设科技, 2011, 19: 43-45.

[29] 王晓菲. 水生动植物对富营养化水体的联合修复研究[D]. 重庆: 重庆大学, 2012.

[30] 赵丰. 水培植物净化城市黑臭河水的效果、机理分析及示范工程[D]. 上海: 华东师范大学, 2013.

[31] 马明海,张博,黄民生,等.上海市地理景观对夏季蚊虫孳生的影响[J]. 华东师范大学学报(自然科学版), 2014(2): 21-29.

[32] Gerberg E J, Barnard D R, Ward R A. Manual for mosquito rearing and experimental techniques [M]. Lake Charles: American Mosquito Control Association, 1994: 98-99.

[33] 史睿杰, 谢寿安, 赵薇, 等. 青海云杉针叶和枝条的挥发性化合物的固相微萃 GC/MS 分析[J]. 西北林学院学报, 2011, 26(6): 95-99.

[34] Kramer W L, Mulla M S. Oviposition attractants and repellents of mosquitoes: Oviposition responses of *Culex mosquitoes* to organic infusions [J]. Environmental Entomology, 1979, 8(6): 1111-1117.

[35] Govindarajan M, Mathivanan T, Elumalai K, et al. Mosquito larvicidal, ovicidal, and repellent properties of botanical extracts against *Anopheles stephensi*, *Aedes aegypti*, and *Culex quinquefasciatus* (Diptera: Culicidae). [J]. Parasitology Research, 2011a, 109(2): 353-367.

[36] Rajkumar S, Jebanesan A. Larvicidal and oviposition activity of *Cassia obtusifolia* Linn (Family: Leguminosae) leaf extract against malarial vector, *Anopheles stephensi* Liston (Diptera: Culicidae) [J]. Parasitology Research, 2009, 104(2): 337-340.

[37] 唐怡, 任刚, 黄群, 等. 石菖蒲挥发油化学成分的 GC-MS 分析[J]. 江西中医药, 2014, 45(12): 60-62.

[38] Allan S A, Kline D L. Evaluation of organic infusions and synthetic compounds mediating oviposition in *Aedes albopictus* and *Aedes aegypti* (Diptera: Culicidae) [J]. Journal of Chemical Ecology, 1995, 21(11): 1847-1860.

[39] Geetha I, Paily K P, Padmanaban V, et al. Oviposition response of the mosquito, *Culex quinquefasciatus* to the secondary metabolite(s) of the fungus, *Trichoderma viride* [J]. Memorias do Instituto Oswaldo Cruz, 2003, 98: 223-226.

[40] Kumaran G, Mendki M J, Suryanarayana M V S, et al. Studies of *Aedes aegypti* (Diptera: Culicidae) ovipositional responses to newly identified semiochemicals from conspecific eggs [J]. Australian Journal of Entomology, 2006, 45(1): 75-80.

[41] 盛辛辛，曹谨玲，赵风岐，等. 芦苇和美人蕉及薄荷用作人工湿地植物对中水的净化效果[J]. 湖南农业大学学报(自然科学版), 2013, 39(4): 423-428.

[42] 郑尧，裘丽萍，胡庚东，等. 不同比例"鱼腥草-薄荷-空心菜"浮床对吉富罗非鱼养殖池塘环境的影响[J]. 安徽农业科学, 2019, 47(1): 80-82.

[43] Davis E E, Bowen M F. Sensory physiological basis for attraction in mosquitoes [J]. Journal of the American Mosquito Control Association, 1994, 10(2): 316-325.

[44] 韩招久，姜志宽，陈超，等. 萜类化合物对蚊虫驱避活性的研究[J]. 西南国防医药, 2005, 15(6): 154-156.

[45] Jirovetz L, Buchbauer G, Shabi M, et al. Comparative investigation of essential oil and volatiles of spearmint [J]. Perfumer & Flavorist, 2002, 27: 16-22.

[46] 林琳. 孔雀草等五种园林植物对蚊的驱避影响及挥发物的成分鉴定[D]. 雅安：四川农业大学, 2008.

[47] 林翔云. 全天然驱蚊液和驱蚊油及其应用研究[J]. 中华卫生杀虫药械, 2012, 18(4): 358-360.

[48] Matasyoh J C, Wathuta E M, Kariuki S T, et al. Chemical composition and larvicidal activity of Piper capense, essential oil against the malaria vector, *Anopheles gambiae* [J]. Journal of Asia-Pacific Entomology, 2011, 14(1): 26-28.

[49] 徐仁权，王士珍，徐友祥，等. 上海地区登革热发生的危险程度监测及媒介的孳生习性调查[J]. 中华卫生杀虫药械, 2003, 9(1): 42-44.

[50] Rattanarithikul R, Harbach R E, Harrison B A, et al. Illustrated keys to the medical important mosquitoes of Thailand VI [J]. The Southeast Asian Journal of Tropical Medicine and Public Health, 1994(7): 1-66.

[51] 刘洪霞，冷培恩，徐仁权. 白纹伊蚊抗溴氰菊酯品系与敏感品系的生物学特性及室内种群动力学研究[J]. 中国媒介生物学及控制杂志, 2009, 20(2): 111-113.

[52] 李祥，邢文峰. 薄荷的化学成分及临床应用研究进展[J]. 中南药学, 2011, 9(5): 362-365.

[53] 吴佩颖，徐莲英，陶建生. 鱼腥草的研究进展[J]. 上海中医药杂志, 2006, 40(3): 62-64.

[54] Shaalan E A S, Canyon D V. Aquatic insect predators and mosquito control [J]. Tropical Biomedicine, 2009, 26(3): 223-261.

[55] Sih A, Christensen B. Optimal diet theory: When does it work, and when and why does it fail? [J]. Animal Behaviour, 2001, 61(2): 379-390.

[56] Rodríguez-Prieto I, Fernández-Juricic E, Martín J. Anti-predator behavioral responses of *Mosquito pupae* to aerial predation risk [J]. Journal of Insect Behavior, 2006, 19(3): 373-381.

[57] Stibor H, Lampert W. Estimating the size at maturity in field populations of Daphnia (Cladocera) [J]. Freshwater Biology, 1993, 30(3): 433-438.

[58] 杨四秀. 枝角类繁殖生物学研究概况[J]. 水生态学杂志, 2004, 24(4): 12-14.

[59] 陈国柱，林小涛，许忠能，等. 饥饿对食蚊鱼仔鱼摄食、生长和形态的影响[J]. 水生生物学报, 2008, 32(3): 314-321.

[60] Rehage J S, Barnett B K, Sih A. Foraging behaviour and invasiveness: Do invasive Gambusia, exhibit higher feeding rates and broader diets than their noninvasive relatives? [J]. Ecology of Freshwater Fish, 2005, 14(4): 352-360.

[61] Caiola N, Sostoa A D. Possible reasons for the decline of two native toothcarps in the *Iberian Peninsula*: Evidence of competition with the introduced Eastern mosquitofish [J]. Journal of Applied Ichthyology, 2005, 21(4): 358-363.

[62] 殷名称. 鱼类仔鱼期的摄食和生长[J]. 水产学报, 1995, 4: 335-342.

[63] Rey J R, O'Connell S, Suárez S, et al. Laboratory and field studies of *Macrocyclops albidus* (Crustacea: Copepoda) for biological control of mosquitoes in artificial containers in a subtropical environment.[J]. Journal of Vector Ecology, 2004, 29(1): 124-134.

[64] Smyly W J P. Some effects of enclosure on the zooplankton in a small lake [J]. Freshwater Biology, 1976, 6(3): 241-251.

[65] 潘炯华, 苏炳之, 郑文彪. 食蚊鱼(*Gambusia affinis*)的生物学特性及其灭蚊利用的展望[J]. 华南师范大学学报(自然科学版), 1980, 1: 117-138.

[66] 陈兆南, 谭玲, 董亚明, 等. 溶解氧和气泡对食蚊鱼生存的影响[J]. 上海师范大学学报(自然科学版), 2007, 36(2): 61-65.

[67] Kengne I M, Brissaud F, Akoa A, et al. Mosquito development in a macrophyte-based wastewater treatment plant in Cameroon (Central Africa)[J]. Ecological Engineering, 2003, 21(1): 53-61.

[68] Walton W E, Popko D A, Van Dam A R, et al. Width of planting beds for emergent vegetation influences mosquito production from a constructed wetland in California (USA)[J]. Ecological Engineering, 2012, 42: 150-159.

[69] 杨惠, 邓兵, 王美琳, 等. 淡色库蚊的生态习性观察[J]. 中国媒介生物学及控制杂志, 2016, 27(5): 487-490.

第4章 城市水环境及其治理与蚊害控制的关系：现场实证

4.1 引 言

在生态环境中，水是维系生命的载体和资源。“水”和“绿”是不可分割的整体，被称为城市的“蓝-绿空间”“肾-肺”体系[1]，“水”和“绿”是维持着城市生态系统良性循环的基础[2]。

改革开放后的四十余年来，我国城市水环境污染经历了发生发展→恶化蔓延→遏制稳定→逐步好转的动态过程。这个过程既展现了我国对城市水环境污染治理的强大决心和空前力度，也汇集了我国城市水环境污染治理政策规划的制定以及工程技术的实施。这种过程的分阶段推进，势必导致城市水环境及其相关的水生态系统发生深刻演变，包括蚊虫在内的“水致生物”的生长繁殖也会随之发生变化。

本章介绍了我们在上海市、浙江省温州市、江苏省常熟市，以及安徽省池州市开展的城市水环境与蚊害控制关系的现场研究成果，研究对象为城市河道、污水厂尾水湿地、海绵工程单体、公园水体滨岸与活水公园系统以及绿地沟渠，通过城市水环境与蚊虫孳生现场监测及其耦合关系分析，评价多种类型的城市水环境系统中蚊虫孳生情况，探究影响蚊虫孳生的生态环境因素和机制，为科学防制蚊害以及实现城市水环境治理与公共卫生安全的协调发展提供相关依据。

1. 上海市及其蚊害概况

上海市位于长江口，经纬度为东经 120°51′～122°12′、北纬 30°40′～31°53′，是我国东部沿海城市。上海地势低平且河湖众多，加上外潮倒灌的影响，水体流速慢、自净能力差。上海属北亚热带季风气候，四季分明、雨量丰沛、雨热同季。夏季高温多雨，夏秋季易受台风等影响。上海年平均气温约 16℃，极端最高气温可达 40℃以上，最热月(7 月)平均气温达 30℃；冬季寒冷潮湿，极端最低气温可达–10℃左右，最冷月(1 月)平均气温约为 4℃，年平均降雨量约 1100～1200mm，主要分布在 4～9 月。

根据 2010～2016 年上海市疾病预防控制中心蚊虫监测数据，上海市主要蚊种为淡色库蚊（*Culex pipiens pallens*）、致倦库蚊（*Culex quinquefasciatus*）、三带喙库蚊（*Culex tritaeniorhynchus*）和白纹伊蚊（*Aedes albopictus*），其次为中华按蚊（*Anopheles sinensis*）和骚扰阿蚊（*Armigeres suballbatus*）。其中淡色库蚊数量最多，占各年捕获总数的 58.9%～75.5%，三带喙库蚊和白纹伊蚊的占比相近，为 12%左右，两者交替占据第 2 位。上海市全年蚊虫密度季节消长呈单峰型趋势，每年 7 月是蚊虫高峰期，但不同蚊种季节变化有所差别，如淡色库蚊 6～7 月密度最高，白纹伊蚊在 7～9 月密度最高[3]。根据上海市 2017 年部分区域的 878 个雨水井蚊虫调查结果，蚊虫阳性率为 49.74%，主要是白纹伊蚊和淡色（致倦）库蚊，且以居民区的阳性率最高[4]。绿地和景观水体也是上海市淡色库蚊的适宜孳生地[5]。上海是人口多而密的特大型城市，也是国际航运和贸易的发达城市，蚊媒疾病具有疫源广、影响大的特点。同时，上海是高度城市化地区，蚊虫孳生、危害及其防制具有典型的城市化特点。

2. 温州市及其蚊害概况

温州市位于浙江省东南部，经纬度为东经 119°37′～121°28′、北纬 27°03′～28°36′，是我国东南沿海城市，毗邻福建省。温州地势自西向东倾斜，西部属浙东南山区，向东逐渐降低为丘陵，东部沿海为冲积型滩涂平原。温州境内水资源丰富，河流多为山溪性强潮河，发源于西部山区并在近海受潮汐影响。温州市为中亚热带季风气候区，四季分明、雨量充沛、雨热同季。夏秋季多台风且是我国近海台风的主要登陆口。温州年平均气温 17.3～19.4℃，1 月平均气温 4.9～9.9℃，7 月平均气温 26.7～29.6℃，年平均降雨量为 1800～1900mm，且主要集中在 4～9 月。

根据 2010～2013 年温州市疾病预防控制中心蚊虫密度监测数据，温州市的优势蚊种为淡色库蚊（*Culex pipiens pallens*），占捕蚊总数的 82.44%；其次是中华按蚊（*Anopheles sinensis*），占捕蚊总数的 10.55%；其他还有三带喙库蚊（*Culex tritaeniorhynchus*），占捕蚊总数的 4.60%，白纹伊蚊（*Aedes albopictus*），占捕蚊总数的 2.41%。全年的成蚊密度变化主要呈双峰型，但根据年间温湿度和降雨量的不同，蚊虫密度高峰期也有所不同，在 7 月或 8 月均可出现。从不同生境蚊虫密度来看，淡色库蚊生境密度排序为：牲畜棚＞农户＞公园＞居民区＞医院；三带喙库蚊和白纹伊蚊的生境密度排序均为：牲畜棚＞医院＞公园＞居民区＞农户。说明牲畜棚的环境较适宜蚊虫孳生，且孳生场所血源丰富。温州也是国际航运和贸易的较发达城市，且建成区人口多而密。

3. 池州市及其蚊害概况

池州市位于安徽省西南部，经纬度为东经 108°05′～116°38′、北纬 29°33′～30°51′，是长江中下游城市。池州市城市化率相对较低，其建成区主要是贵池区，该区濒临长江，由冲积平原与低山丘陵组成，地势东高西低。池州市境内水系发达，河、湖、塘、库众多[6]，有平天湖、秋浦河、清溪河等重要水体，市区内绿化覆盖率高且是国家级园林城市以及国家级生态经济示范区[7]。池州市属暖湿性亚热带季风气候，四季分明、雨量丰沛、雨热同季[8]，年平均气温为 17.3℃，夏季气温高，最热月(7 月)平均气温为 29.1℃，最冷月(1 月)平均气温为 4.3℃，年平均降水量为 1500～1700mm，且主要集中在 6～9 月。

安徽省是我国流行性乙型脑炎高发省[9]，三带喙库蚊是传播乙型脑炎的主要媒介生物。近年来，随着疫苗的普及，该省流行性乙型脑炎发病率逐年下降[10]。安徽省也曾是我国最主要的疟疾流行区之一，中华按蚊是传播疟疾的主要媒介生物，至 2014 年安徽省已实现无本地疟疾病例报告，并连续 3 年未发现本地感染病例[11]。受客观条件限制，池州市蚊虫孳生方面的研究资料较少且难以获取。

4.2　城市河道及其治理与蚊虫孳生的关系

4.2.1　沪浙十河背景简介

上海市选取工业河(GY)、淡江河(DJ)、真如港(ZR)、长浜河(CB)、丽娃河(LW)、樱桃河(紫竹段)(YT)、桃浦河(中段)(TPH)，温州市选取山下河(西段)(SX)、九山外河(JS)、蝉河(西段)(CH)，共 10 条河道(段)作为现场实证对象(简称“沪浙十河”)，河道概况见表 4-1。10 条河道(段)周边区域类型多样，分别为工业与居住混合区(工业河与桃浦河)、新建居住区(长浜河)、棚户动迁区(淡江河)、集贸市场与居住混合区(真如港)、新建高新区(樱桃河)、大学校区(丽娃河)、老城区(山下河与九山外河以及蝉河)。

自 2013 年 8 月至 2014 年 11 月，逐月对上述 10 条河道进行水样和蚊幼虫采集。采样期间避开台风、暴雨等极端天气。沿河道长度方向约 200m 设 1 个采样点(特殊情况下有所调整)，10 条河道共设置 43 个采样点，其空间分布如图 4-1 所示。

表 4-1　沪浙十河概况

城市	河道	所属行政区	所在地	河宽/m	水深/m	与外围水系沟通性	截污	底泥	生态修复	日常管理	所属干流
上海	工业河	普陀区	工业与居住混合区	10	1.2	一般	不彻底	很多	无	较差	桃浦河
	长浜河	宝山区	新建居住区	10	1.0	较差	较彻底	一般	部分	一般	桃浦河
	淡江河	嘉定区	棚户动迁区	6	1.2	较差	不彻底	较多	无	较差	新槎浦河
	樱桃河	闵行区	新建高新区	15	1.3	较好	彻底	较少	部分	较好	黄浦江
	丽娃河	普陀区	大学校区	34	1.7	很差	彻底	很少	全部	很好	苏州河
	真如港	普陀区	集贸市场与居住混合区	9	1.5	较差	不彻底	一般	部分	较差	苏州河
	桃浦河	宝山区	工业与居住混合区	29	2.0	很好	不彻底	较多	无	较差	蕴藻浜
温州	山下河	鹿城区	老城区（商住办）	14	1.4	较差	不彻底	极多	部分	很差	温瑞塘河
	九山外河	鹿城区	老城区（商住办）	13	1.3	较好	一般	一般	部分	较好	温瑞塘河
	蝉河	鹿城区	老城区（商住办）	15	1.7	较好	不彻底	一般	部分	一般	温瑞塘河

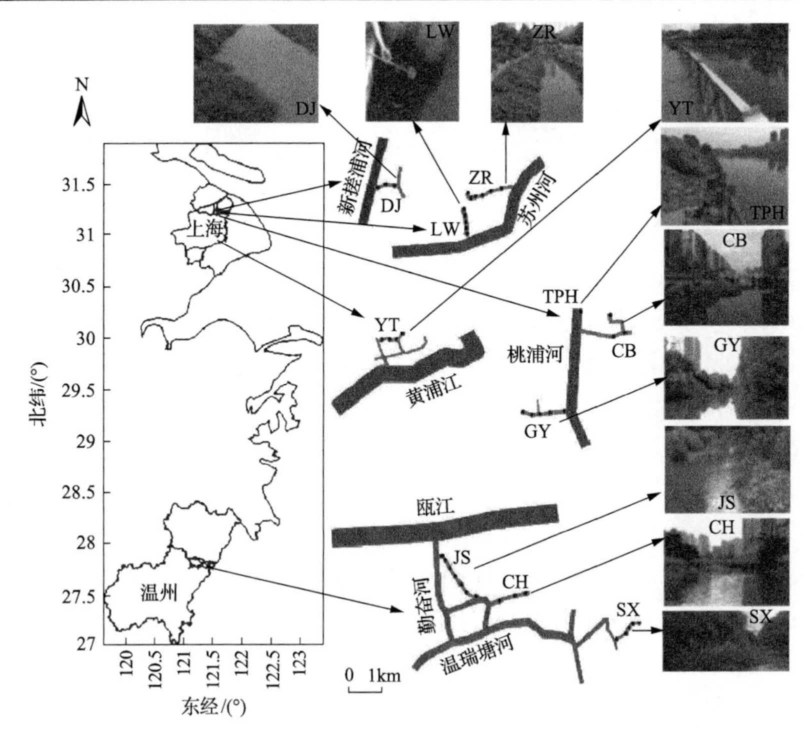

图 4-1　沪浙十河采样点空间分布图

4.2.2　沪浙十河水环境监测与评价

1. 监测分析

沪浙十河现场水质监测指标包括 pH 值、溶解氧浓度(DO)、水温(WT)和透明度(SD)，分别采用 HI 9812-5 型便携式 pH 计、HQ 30d53 型便携式溶氧仪和标准塞氏盘测定。实验室测定指标包括总有机碳(TOC)、总氮(TN)、氨氮(NH_4^+-N)、硝态氮(NO_3^--N)、总磷(TP)、溶磷(DP)、硫离子(S^{2-})、化学需氧量(COD_{Cr})、高锰酸盐指数(COD_{Mn})、生化需氧量(BOD_5)和叶绿素a(Chla)浓度，测定方法依据《水和废水监测分析方法(第四版)》。

2. 评价方法

河道水质评价采用综合污染指数(P)法、有机污染指数(A)法、综合营养状态指数[TLI(Σ)]法和综合水质标识指数(I_{wq})法，并采用主成分分析法比较10条河道(段)的污染程度，选取特征值大于1的所有主成分，计算每条河道的总得分并进行大小排序。绝对载荷值大于 0.75 的变量即为重要变量，在0.50～0.74 之间的为中等重要变量。计算中涉及的标准值根据河道所处区域的水环境功能区选取，上海市樱桃河与温州市九山外河的水质控制标准为地表水Ⅲ类水标准，其余河道均为Ⅴ类标准。

3. 水质评价

10 条河道水中的磷均以溶磷(DP)为主，工业河中 DP 占 TP 含量最高，达 83.07%。不同河道河水中的氮形态组成不同，山下河、工业河、蝉河、淡江河、九山外河、桃浦河、长浜河水中的氮主要以氨氮形式存在，氨氮在总氮中占比从高到低依次为 78.62%、66.10%、58.65%、52.07%、49.14%、46.19%、41.36%，山下河的最高、长浜河的最低；樱桃河、丽娃河和真如港河水中的氮则以硝态氮为主，分别占总氮的 55.13%、48.39%和 45.40%。河水中氨氮在富氧下会发生硝化反应，消耗大量溶解氧，转化为硝态氮，而硝态氮需要在无氧或缺氧条件下才能被反硝化细菌还原成氮气并脱离水体。山下河、工业河、蝉河、淡江河、九山外河、桃浦河、长浜河污染较严重且有机物含量均较高，消耗水中大量的 DO，从而导致氨氮转化为硝态氮的过程受阻，致使氨氮积累，具有典型的黑臭水质特征。樱桃河所处的地区为新建高新区，截污完善，疏浚彻底，且临近黄浦江，受潮汐影响较明显，稀释、扩散和复氧等自净作用较强，DO 浓度高(平均 5.82mg/L 左右)，氨氮转化为硝态氮速率较快，导致氨氮浓度低、硝态氮占比较高。丽娃河除汛期外基本不与外界水体交换，其日常补水仅为汇水区的雨水径流，而且，丽娃河截污纳管和底泥疏浚均彻底，实施了全系列的生态重建且生态恢复良好，河水 DO 均值高达 7.36mg/L，使得水中硝态氮含量及占比较高。真如港河水中叶绿素 a 含量较高，平均为 65.20μg/L，说明水体中浮游植物较多，具有较典型的富营养化水质特征，植物通过光合作用释放氧气，增加了表层河水的 DO 含量，水中硝态氮含量及占比也较高。

综合污染指数(P)、有机污染指数(A)、综合营养状态指数[TLI(Σ)]和综合水质标识指数(I_{wq})的评价结果如表 4-2 所示。

综合污染指数(P)的评价结果显示，10 条河道除丽娃河外均处于污染状态，其中，山下河污染最严重，其次是工业河、淡江河、九山外河。有机污染指数(A)法的评价结果与综合污染指数法的相似，10 条河道中以山下河的有机污染最严重，其次是九山外河、工业河、淡江河，丽娃河受有机污染最小。综合营养状态指数(TLI)的评价结果显示，10 条河道除樱桃河和丽娃河为中营养状态外，其他河道均属于轻度富营养和中度富营养，山下河的 TLI 指数最高，其次是工业河以及淡江河。

综合以上 4 类指数(P、A、TLI、I_{wq})的评价结果，可知，①10 条河道水质污染程度排序为：山下河＞工业河＞淡江河＞真如港＞蝉河＞桃浦河＞九山外河＞长浜河＞樱桃河＞丽娃河；②各河道的主要水质污染因子略有差异，工业河、长浜河、淡江河、桃浦河、山下河、九山外河和蝉河的主要污染因子为氨氮、总氮和总磷，真如港、樱桃河以及丽娃河的主要污染因子为总氮；③10 条河道中以丽娃河水质最好，除 TN 外，其余指标均达到地表Ⅲ类水以上，其次是樱桃河，其余河道水质类别均为劣Ⅴ类，且山下河与工业河均为有机污染的黑臭型河道，淡江河、真如港、蝉河、桃浦河、九山外河、长浜河为富营养化型或黑臭与富营养化兼具型河道。

4. 主成分分析

利用 10 条河道各水质参数均值进行主成分分析(图 4-2)，选取特征值大于 1 或累积贡献率大于 85%的成分为主成分，结果选取 3 个主成分，累积贡献率均达 86%以上。

表 4-2　沪浙十河水质评价结果

河道	P	A	TLI(∑)	I_{wq}							$I_{wq总}$
				DO	BOD_5	COD_{Cr}	COD_{Mn}	NH_4^+-N	TN	TP	
GY	2.04	6.17	59.35	5.30	5.50	5.70	5.80	8.63	10.55	8.33	7.132
等级	严重污染	严重污染	轻度富营养	V类	V类	V类	V类	劣V类	劣V类	劣V类	劣V类
CB	1.08	2.34	55.53	1.00	4.60	2.30	4.80	6.51	8.63	6.21	4.93
等级	重污染	严重污染	轻度富营养	I类	IV类	II类	IV类	劣V类	劣V类	劣V类	IV类
DJ	1.79	5.19	58.36	6.61	6.11	5.90	5.80	7.32	9.44	7.12	6.951
等级	重污染	严重污染	轻度富营养	劣V类	劣V类	劣V类	劣V类	劣V类	劣V类	劣V类	劣V类
YT	0.89	2.22	47.98	3.20	2.00	2.00	3.30	3.10	7.03	3.20	3.41
等级	中污染	低污染	中营养	III类	II类	II类	III类	III类	劣V类	III类	III类
LW	0.31	0.73	43.12	3.20	2.00	2.00	3.70	3.10	5.00	3.80	3.3
等级	尚清洁	较好	中营养	III类	II类	II类	III类	III类	V类	III类	III类
ZR	0.70	1.31	55.55	1.00	4.80	3.00	4.40	4.30	7.01	4.50	6.53
等级	中污染	一般	轻度富营养	I类	IV类	III类	IV类	IV类	劣V类	IV类	劣V类
TPH	1.24	3.80	55.12	4.40	4.30	4.80	4.80	7.12	9.54	6.91	6.031
等级	重污染	中等污染	轻度富营养	IV类	IV类	IV类	IV类	劣V类	劣V类	劣V类	劣V类
SX	2.32	8.57	61.03	8.13	5.10	5.30	5.50	10.55	12.06	9.24	8.043
等级	严重污染	严重污染	中度富营养	劣V类	V类	V类	V类	劣V类	劣V类	劣V类	劣V类
JS	1.74	6.64	50.94	7.01	3.30	2.00	4.91	6.51	8.02	6.61	5.542
等级	重污染	严重污染	轻度富营养	劣V类	III类	II类	IV类	劣V类	劣V类	劣V类	V类
CH	1.04	4.12	53.96	6.61	4.70	3.90	4.80	7.22	8.83	6.81	6.141
等级	重污染	严重污染	轻度富营养	劣V类	IV类	III类	IV类	劣V类	劣V类	劣V类	劣V类

注：平原地区的城市河道水动力严重不足，具有缓流或死水的水文特征(类似于湖库)，故除对十条河道进行综合营养状态指数评价，还进行总氮达标情况评价。

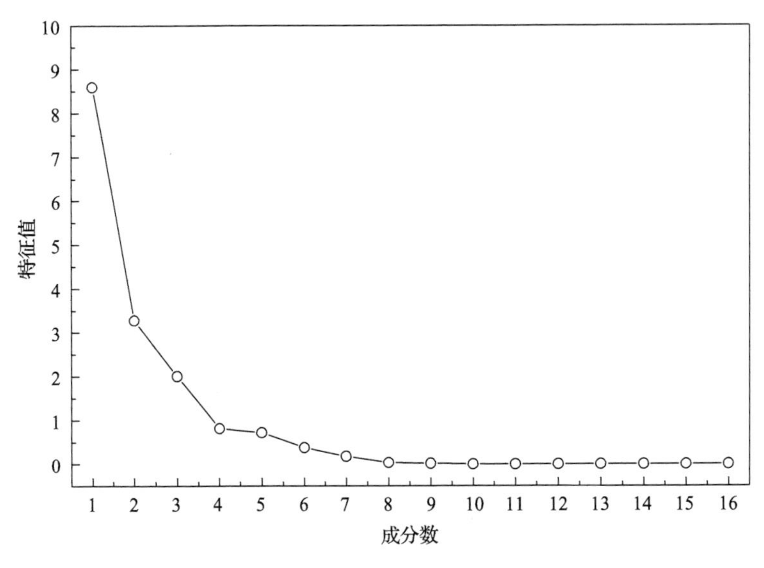

图 4-2　沪浙十河水质主成分碎石图

各指标与某一主成分的相关系数(成分荷载)的绝对值越大，则该主成分与指标之间的联系越紧密，相关系数大于 0.75 即认为该指标对相应主成分具有重要贡献。如图 4-2 所示，氨氮、总氮、总磷、溶磷、生化需氧量、化学需氧量和高锰酸盐指数均与第一主成分联系紧密，说明第一主成分可代表这些指标反映这些河道整体水质状况。水中有机物指标(BOD_5、COD_{Cr}、COD_{Mn})和营养盐指标(NH_4^+-N、TN、TP、DP)均与生活污水的排入息息相关，是造成河道水质恶化的主要原因。

沪浙十河水环境质量及其表现类型差异有外因和内因两个方面以及两者的叠加作用。山下河地处城中村，虽几经整治，但外源污染难断，沿河两岸仍有较多生活污水入河，特别是山下河东段城中村污水的直排和山下河西段横渎菜市场污水的直排(该菜市场架空在山下河上方建设和运营)，这是造成山下河水质最差的主要外因。在物理形态上，山下河细长、弯曲，且有多个桥涵束水，这加剧了平原地区河道的缓流和死水问题，延长了污水在河道中的滞留时间、加重了底泥在河道中的淤积程度，是造成山下河水质最差的主要内因或内外因叠加作用的结果。与山下河比较相似，工业河水质污染也十分严重且也属于黑臭型河道，其附近也有城中村(李子园)，污水的直排入河问题相当突出，水动力也十分不足。与山下河有所不同的是，工业河沿岸有一些生产企业，企业排污对工业河水环境也造成一定的影响。

“治水先治岸、治岸先治管”已成为城市水环境治理行业的共识：岸上排污是造成河道污染的主因，且岸上排污主要通过管道进入河道。九山外河与蝉河均处温州市中心城区的老城区，外源污水漏排入河的情况时有发生；淡江河地处上海市城郊接合部的棚户动迁区，外源生活污水直排入河问题也比较严重；工业河地处上海市次中心城区的产业与居住混合区，且有排水设施不完善和雨污分流不彻底的城中村，生活及生产污水直排或混排问题较严重；长浜河和真如港分别地处上海市次中心城区的新建居民区和老居民区，外源污染一方面来自于生活污水的直排和漏排，另一方面来自于集贸市场的地表径流；樱桃河地处上海市郊的新建高新区，截污工程完善且底泥疏浚彻底，受外源排污特别是点源排污的影响较小；丽娃河地处上海市中心城区的大学校区，截污和疏浚都很彻底，受外源排污特别是点源排污的影响很小。因此，雨污分流、截污纳管是城市河道水环境治理的基础工作。

“重治轻管”在我国城市水环境治理中比较普遍。也就是说，很多城市河道水环境治理工程施工结束后，其管理工作没有及时跟上、水平和质量也差强人意，导致治理工程的长效性无法得到保障，许多工程运行一年半载后就处于失管状态，不仅造成了巨大的投资浪费，而且造成了污染反弹。城市河道水环境治理的运行、管理和养护涉及面很广，工作内容也十分繁杂。在沪浙十河的现场工作中，我们发现的主要问题有：①水面保洁不到位，生活垃圾和枯枝落叶较多并在下风向和闸门口聚集，如淡江河、山下河、桃浦河以及真如港的部分河段；②底泥淤积较多，未及时采取疏浚治理，如山下河、工业河、淡江河；③水生植物生长不佳或养护不善，如樱桃河、九山外河、长浜河；④治理设备出现故障或停运，如山下河和九山外河的射流曝气机以及长浜河的橡胶坝。这些失管问题一方面会恶化河道景观，另一方面会影响河道水质，第三方面会为蚊虫孳生提供条件。

4.2.3　沪浙十河蚊幼虫监测与评价

1. 河道蚊幼(蛹)采集及鉴定

采用500mL标准勺捕法，于2013年8月至2014年11月对沪浙十河蚊幼虫进行采样监测(每月一次)，每条河道的采样点间隔约10m，同步采集水生植物、开阔水面及曝气机等不同栖息地类型下的蚊幼数量，采样期间避开台风、暴雨等极端天气。出现蚊幼(蛹)的河道记为阳性河道，未出现蚊幼(蛹)的河道记为阴性河道。现场记录蚊幼(蛹)数量，并将其带回实验室于光照培养箱内进行培养，培养条件为温度 26℃±1℃、相对湿度 60%±5%、亮/暗比为 15∶9，期间喂以鼠粮作为蚊幼生长所需食物。待幼虫羽化后，根据形态特征并借助立体显微镜观察对蚊虫进行种类鉴定。蚊幼阳性率(%)为阳性勺数占总勺数的百分比。培养期间死亡的蚊幼(蛹)、未羽化为成虫的蛹数量之和与蚊幼总数之比即为蚊幼死亡率。

$$\text{蚊幼密度 LD(条/勺)}=N_l/N_p \tag{4-1}$$

式中，N_l 为采集所得的蚊幼(蛹)总数(条)；N_p 为阳性勺数(勺)。

2. 河道蚊种多样性及蚊幼分布

采用香农-威纳指数计算和表征蚊虫多样性。

$$\text{香农-威纳指数 } H'=-\sum_{i=1}^{S}p_i \ln p_i \tag{4-2}$$

式中，S 为物种数；p_i 为样品中第 i 种个体数 n_i 与样品总个体数为 N 的比值。

$$\text{Pielou 均匀度指数 } E=\mathrm{e}^{H}/S \tag{4-3}$$

式中，e 为自然常数(约为 2.71828)；$0<E<1$，E 值越接近 1 表明群落内个体分布越均匀。

河道中蚊虫的分布情况采用分布指数来表征。

$$\text{分布指数 } C(\%)=n\times 100\%/N \tag{4-4}$$

式中，n 为出现某种蚊虫的采样点的数量；N 为河道中所有采样点数量。根据分布指数的等级划分，推测不同蚊种在河道中的分布情况，分布指数等级划分如表 4-3 所示。

表 4-3　蚊虫分布指数等级划分

	$C1$(0～20%)	$C2$(20.1%～40%)	$C3$(40.1%～60%)	$C4$(60.1%～80%)	$C5$(80.1%～100%)
等级	零星出现	不常出现	适度出现	频繁出现	大量出现

3. 数据分析

河道水质参数与蚊幼密度的相关性采用 SPSS19.0 种的 Spearman 相关性分析，对于不同河道、不同栖息地类型及季节变化条件下蚊幼密度的分析则使用多元方差分析(multivariate analysis of variance，MANOVA)，所用检验均为双侧检验，显著性水平值 a=0.05。

4. 河道(段)蚊幼密度时空分布

沪浙十河现场生境和蚊幼虫采样实景如图 4-3 所示。

(a) CB (b) ZR (c) CH (d) 鱼
(e) DJ (f) YT (g) LW (h) 浮游动物
(i) TPH (j) GY (k) JS (l) SX

图 4-3 沪浙十河现场生境和蚊幼虫采样实景

(a)长浜河为连锁式护岸且栽种挺水及沉水植物；(b)真如港有多孔生态砖护岸且栽种挺水及沉水植物；(c)蝉河为浆砌块石直立护岸且两侧有条带状植物浮床；(e)淡江河为自然土护岸且浮萍较多；(f)樱桃河为台阶复式护岸且栽种沉水植物；(g)丽娃河为浆砌块石直立护岸且有全系列的水生植物；(i)桃浦河为砌块石直立护岸且基本没有栽种水生植物；(j)工业河为水泥插板式护岸且没有栽种水生植物；(k)、(l)九山外河与山下河护岸以直立浆砌块石为主且两侧有条带状植物浮床。

沪浙十河及其不同栖息地(生境)的蚊幼密度分布如图 4-4 所示，10 条河道中有 4 条河道表现为蚊幼阳性，分别是上海市工业河与桃浦河、温州市山下河与九山外河，河道阳性率(蚊幼阳性河道数占总河道数的百分比)为 40%。城市河道等大中型水体的蚊害评价，若以勺捕法计，每蚊幼密度不超过 3 勺/100 勺则被认为处于安全范围内，然而，4 条阳性河道孳生蚊幼的阳性勺数均大于 3 勺/100 勺，具有潜在危害。

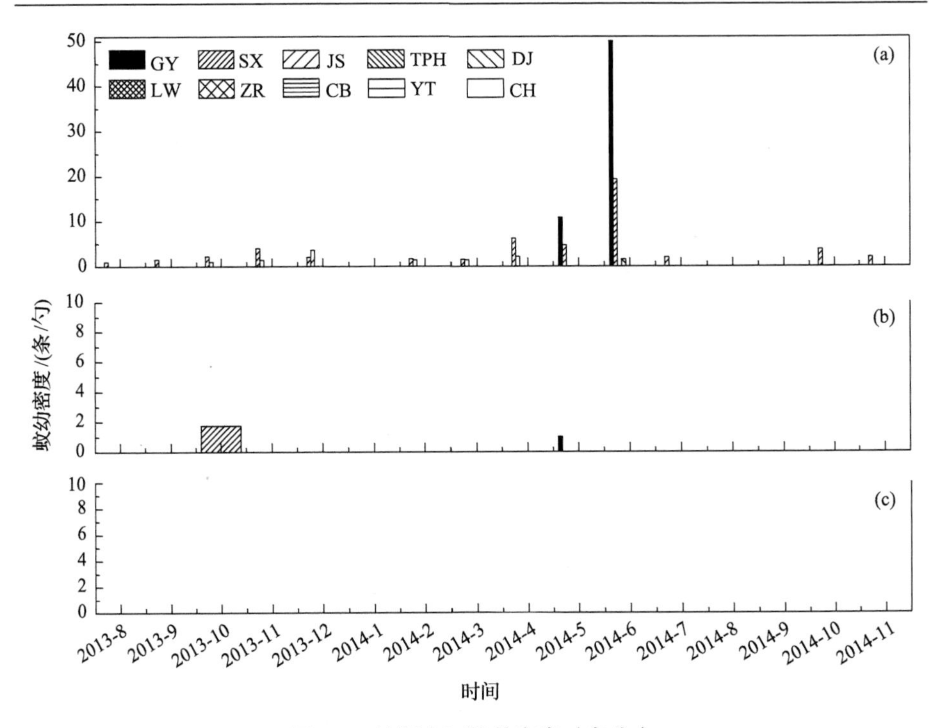

图 4-4　沪浙十河蚊幼密度时空分布

(a)水生植物；(b)开阔水面；(c)曝气机。选择(a)、(b)、(c)三类生境开展采样的理由为，水生植物遮阳和干扰天敌捕食，可能有利于蚊虫孳生，开阔水面光照强烈且天敌较多，可能抑制蚊虫孳生，曝气机运行时会产生噪声和水面扰动，可能抑制蚊虫孳生。

在我国长三角地区，蚊虫孳生一般始于每年 3 月，6 月底至 7 月初达到高峰，8～9 月密度降低。由图 4-4 可知，4 条阳性河道中，蚊幼孳生的高峰期有一定差异。上海市工业河蚊幼的季节消长为单峰型，蚊幼密度的高峰期主要集中在 2014 年 5 月和 6 月，其中 6 月最高达 50 条/勺。上海市桃浦河仅在 2014 年 6 月出现过一次蚊幼，密度为 1.5 条/勺。

与上海两条阳性河道不同，温州市山下河一年四季中均能采集到蚊幼，蚊幼密度呈现双峰型，第一个孳生高峰发生在 5～6 月，然后于 10～11 月再出现一个小高峰。最大密度出现在 2014 年 6 月，达 19 条/勺，而温州市九山外河的蚊幼密度高峰期分别发生在 2013 年 12 月(3.57 条/勺)及 2014 年 4 月(2.14 条/勺)，其蚊幼虫密度和季节变化与山下河有较大差异。

采样周期内，在 4 条阳性河道中共采集 2299 条蚊幼，其中，2291 条蚊幼在水生植物旁采得，显著高于开阔水面处，而曝气机附近(约 1.5m 范围内)没有采集到蚊幼虫。

4 条阳性河道中蚊幼虫密度时空分布的差异，一方面与大环境差异(上海与温州的气候差异)有关，另一方面与河道的小生境及微生境差异有关(温州 2 条河道的水污染更严重且水面垃圾较多)。值得注意的是：温州市山下河与九山外河在 11 月、12 月仍然可采集到蚊幼虫，需要延长防控周期和加大防控力度。

5. 河道(段)蚊种时空分布

采样周期内共采集 2299 条蚊幼，经实验室培养羽化成蚊，采用立体显微镜，根据蚊虫的形态特征，对羽化后的成蚊进行种类鉴定并计数(图 4-5)。由于多种因素影响，共有 2123 条蚊幼最终羽化成蚊，死亡率为 7.66%。

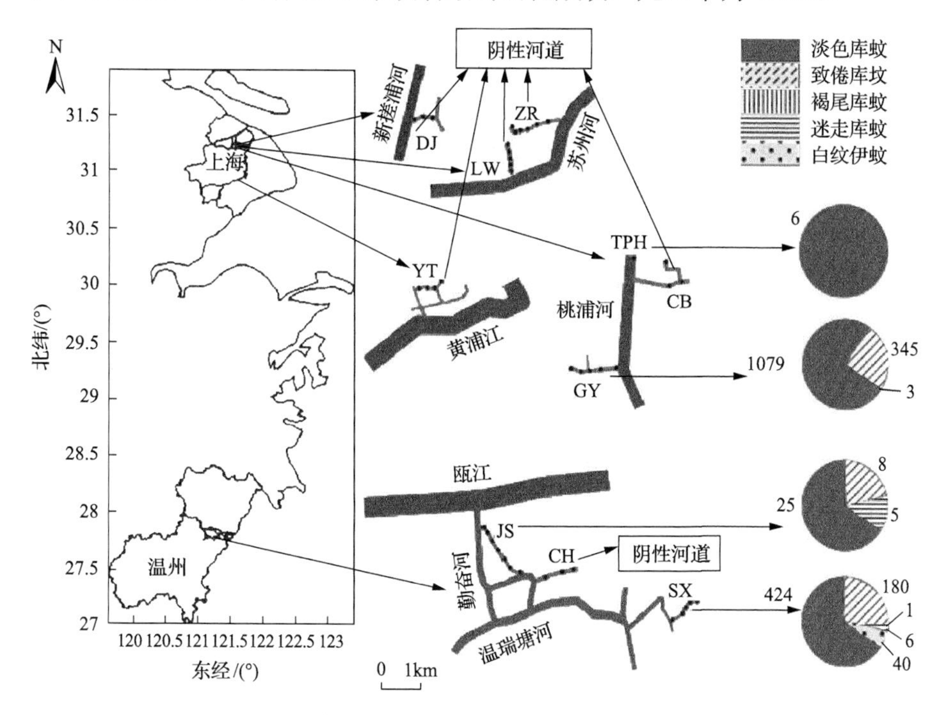

图 4-5　沪浙十河蚊种及数量分布

共鉴定出蚊虫 2 属 5 种，分别是库蚊属的淡色库蚊(*Culex pipiens pallens*)、致倦库蚊(*Culex quinquefasciatus*)、褐尾库蚊(*Culex fuscanus*)、迷走库蚊(*Culex vagans*)和伊蚊属的白纹伊蚊(*Aedes albopictus*)。根据蚊种的个体数量构成比可知，淡色库蚊占采集到蚊类总数的 72.03%，占各河道蚊类总数的比例分别为：工业河 75.61%、桃浦河 100%、山下河 65.18%、九山外河 65.79%，是 4 条阳性河道中的优势蚊种；致倦库蚊占采集到蚊类总数的 25.11%，为河道常见种类；其他蚊类采集到的数量较少。阳性河道蚊龄的分布，Ⅰ～Ⅱ龄蚊幼数量(627 条)占蚊幼总数的 27.27%，明显少于Ⅲ～Ⅳ龄蚊幼和蛹的数量(1672 条)，说明低龄蚊幼在河道中可顺利发育至高龄蚊幼并完成化蛹，也可能继续羽化为成虫(蛹的抗逆性和抗捕食能力较强，而且蛹期较短)。

淡色库蚊广泛分布在阳性河道中，其次为致倦库蚊。淡色库蚊偏好在污染较严重且有植物的水体中孳生，而白纹伊蚊常见孳生于自然干净水体或人工储水容器中[12-15]。然而，我们在温州重污染河道——山下河中发现白纹伊蚊的孳生，主要发现于河道水面漂浮的垃圾型容器(一次性餐具)中，其积水多来自于自然降雨，可能为白纹伊蚊的孳生提供了小微生境。虽然山下河白纹伊蚊的阳性率和密度都不高，但其危害性需要高度重视。此外，2014 年 6 月在山下河采集到褐尾库蚊(图 4-6)，属于温州市河道中褐尾库蚊孳生的首次报道。

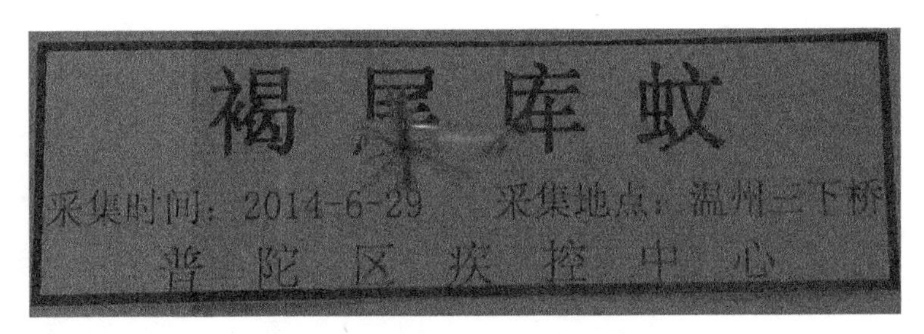

图 4-6　山下河孳生的褐尾库蚊

计算不同蚊种在 4 条阳性河道中的分布指数，如图 4-7 所示：5 种蚊虫中，淡色库蚊在工业河、桃浦河、山下河和九山外河中的分布指数最高，分别为 12.50%(零星出现)、6.25%(零星出现)、48.00%(适度出现)和 45.71%(适度出现)。淡色库蚊在温州河道中出现的概率大于上海河道。致倦库蚊在工业河、桃浦河、山下河和九山外河的分布指数及等级分别为 12.50%(零星出现)、0(无)、34.67%(不常出现)和 33.02%(不常出现)。

对蚊类多样性和蚊幼密度进行 Spearman 相关性分析，结果表明：河道蚊类多样性指数与蚊幼密度呈显著正相关关系(r=0.472，P＜0.05)。有研究[16]认为，媒介生物的多样性越高，则相应的人畜共患传染病的流行风险就越低。阳性河道蚊种多样性 H'、Pielou 均匀度指数 E 及物种丰富度(蚊种数)S 计算结果如图 4-8 和表 4-4 所示。蚊虫多样性指数大小依次为：九山外河(0.87)＞山下河(0.86)＞工业河(0.55)＞桃浦河(0)；Pielou 均匀度指数大小排列依次

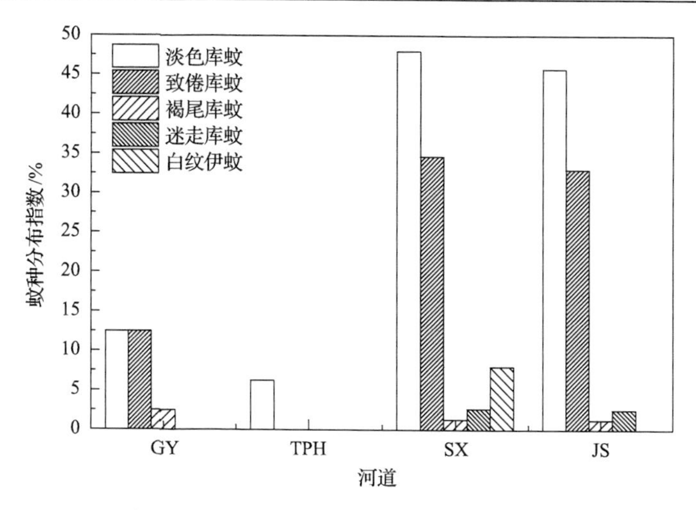

图 4-7　沪浙十河的阳性河道蚊种分布指数

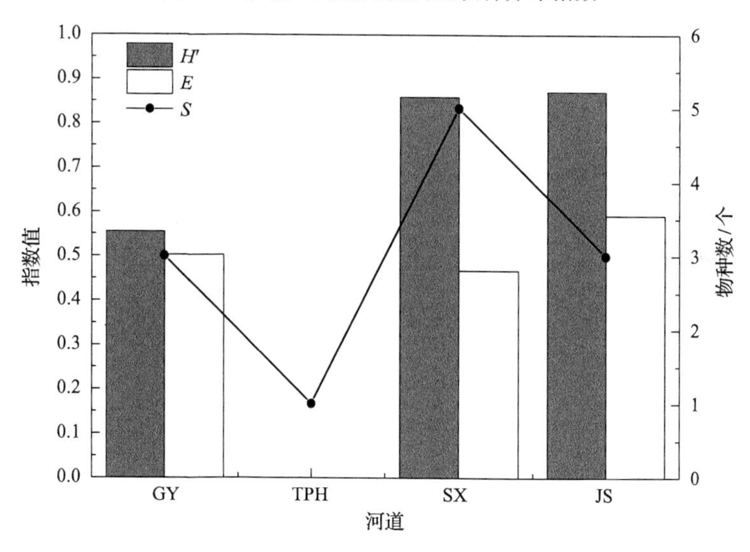

图 4-8　沪浙十河的阳性河道蚊虫多样性、均匀度及丰富度

表 4-4　沪浙十河的蚊种及数量分布

河道	雄蚊/只	雌蚊/只	淡色库蚊	致倦库蚊	褐尾库蚊	迷走库蚊	白纹伊蚊	成蚊/只	蚊幼/条
GY	879	548	1079 [75.61%]	345 [24.18%]	3[0.21%]	—	—	1427	1548(451)
TPH	5	1	6[100%]	—	—	—	—	6	6(0)
DJ	—	—	—	—	—	—	—		—

续表

河道	雄蚊/只	雌蚊/只	淡色库蚊	致倦库蚊	褐尾库蚊	迷走库蚊	白纹伊蚊	成蚊/只	蚊幼/条
LW	—	—	—	—	—	—	—		—
ZR	—	—	—	—	—	—	—		—
YT	—	—	—	—	—	—	—		—
CB	—	—	—	—	—	—	—		—
SX	358	294	425 [65.18%]	180 [27.61%]	1[0.15%]	6[0.92%]	40[6.13%]	652	701(169)
JS	22	16	25 [65.79%]	8[21.05%]	—	5[13.16%]	—	38	44(7)
CH	—	—	—	—	—	—	—		—
合计	1264	859	1535	533	4	11	40	2123	2299(627)

注：小括号内数值为Ⅰ～Ⅱ龄蚊幼的数量；中括号内数值为该种蚊虫数量占所在河道蚊虫总数量的百分比。

为：九山外河(0.59)＞工业河(0.50)＞山下河(0.47)＞桃浦河(—)。不同河道物种丰富度不同，山下河蚊种最丰富，桃浦河蚊种最少，仅一种，说明桃浦河蚊类群落种间数量分布不均匀，多样性低。

4.2.4　上海市工业河水环境治理前后蚊虫孳生比较

工业河是上海市普陀区境内的一条典型的小型河道，是桃浦河的支流之一。工业河呈东西走向，在西端被铁路南何支线截断，成为断头浜，其东段经勤丰泵闸与桃浦河相连，中部北通张泾河，南接里店浦。

工业河地处工业和居住混杂区，周边分布有企业、居民区以及物流和集贸市场，人口密集，生产和生活活动频繁，工业河东段的南岸有饮料瓶洗涤车间和汽修厂，工业河西段的南岸有多家生产企业，生活污水、工业废水的排放和垃圾入河是造成工业河黑臭的主要原因。

受排污口分布和泵闸调水的影响，工业河的水质从东到西逐渐恶化，西段全年严重黑臭，且河道中淤积了大量的污染底泥。

工业河护岸以水泥插板为主。沿岸植被为乔木灌木混合型，其中乔木以垂柳为主，灌木主要是夹竹桃。因工业河的河面较窄，垂柳和夹竹桃对水面的光照有一定影响(特别是南侧岸边)，而且近岸水域有较多的垃圾与落叶漂浮物。

工业河的严重污染和黑臭状态，不仅影响了周边居民的生活，也影响了桃浦河的环境质量。工业河的第一次治理于2005～2006年实施，第一次河道综合治理工程实施后，工业河水体环境有了明显改善，达到了预期目标。第一次治理设施(曝气机、生态浮床、生物格栅)因故于2006年10月份从工业河中拆除，随后河道黑臭出现反弹。上海市普陀区河道管理所于 2015 年至 2016 年间组织实施了工业河的第二次治理，主要措施包括河道疏浚、护岸改造或重建等。图 4-9 为工业河第二次治理前后的实景对比，表观上，工业河水色从治理前的灰黑变为治理后的淡绿，水面上的漂浮垃圾也少了，而且护岸也得到改造和新建。

(a) 治理前(2014年6月23日)

(b) 治理后(2016年6月30日)

图 4-9　第二次治理前后工业河的实景对比

为考察第二次治理前后工业河蚊幼密度的变化情况，分别于 2014 年 3～10 月(治理前)和 2016 年 3～10 月(治理后)对工业河 5 个采样点进行蚊幼采集。从表 4-5 可以看出，工业河治理后，蚊幼数量大大降低，仅在 2016 年 6 月出现蚊幼阳性，且密度仅为 2.25 条/勺，显著低于治理前同期蚊幼密度($P<0.01$)。该变化与工业河第二次治理及其水环境的改善密切相关，工业河的河道疏浚极大减少了由底泥向上覆水释放的污染物量，河道内源污染得到较彻底控制，水中蚊幼虫的食物减少；第二次治理中采取清除河边杂草、削减岸带大型灌木(夹竹桃)和乔木(垂柳)的数量和密度以及强化水面保洁等措施，一方面减少了河面遮阳的面积，使得更多水面处于暴晒之下，另一方面，频繁的水面保洁(约 2 次/天)，使水面垃圾和落叶滞留时间大大缩短，减少了蚊幼栖息附着地；此外，河道水质改善后，出现大量食蚊鱼(2016 年 5～7 月平均密度为 5.81 条/L)和浮游动物，与蚊幼形成竞争关系。

第二次治理后的工业河中采集到的蚊种为淡色库蚊和致倦库蚊(表 4-5)，其中，淡色库蚊占总数的 77.78%，为工业河优势蚊种。治理后，蚊种的多样性指数 H'、Pielou 均匀度指数 E 及分布指数 C 均有降低。值得注意的是：第二次治理后的工业河中没有采集到褐尾库蚊蚊幼虫，这可能也与河道生境变化有关。

表 4-5　工业河治理前后蚊虫数量及蚊种

	治理前(2014-3～2014-10)	治理后(2016-3～2016-10)
雄蚊/只	879	6
雌蚊/只	548	3
淡色库蚊	1079[75.61%]	7[77.78%]
致倦库蚊	345[24.18%]	2[22.22%]
褐尾库蚊	3[0.21%]	—
成蚊/只	1427	9
蚊幼/条	1548	9
H'	0.55	0.53
E	0.5	0.48
C/%	12.5	2.5

注：中括号内数值为该蚊种蚊幼数量占河道采集的蚊幼总数量百分比；H'、E、C 分别为多样性指数、均匀度指数和分布指数。

4.2.5　城市河道水质与蚊幼虫孳生的相关性

有研究表明，氨氮、pH 值、硫酸盐和溶解性有机碳等水质参数与蚊幼密度相关，而库蚊幼虫的丰度和多样性受水中 pH 值、水温、溶解氧含量及磷酸盐浓度等的影响较大[17]。

鉴于水在蚊虫生活史周期中的重要性，分析了采样周期内沪浙十河的水质参数与蚊幼密度的相互关系，结果如表 4-6 所示。由表可知：沪浙十河中蚊幼密度(LD)与河水的 NH_4^+-N、TN、TP、DP、S^{2-}、BOD_5、COD_{Cr} 和 COD_{Mn} 浓度呈显著正相关关系，而与 pH 值、DO 含量和 NO_3^--N 浓度呈显著负相关关系。

水中的 TN、NH_4^+-N、TP、DP 等均为营养盐指标，可促进水中藻类繁殖，直接或间接为蚊幼生长发育提供营养或食物来源[18]，因此蚊幼密度随着水中营养盐浓度的增加而增加。蚊幼密度与 DO 呈显著负相关关系，可能与蚊幼(蛹)利用呼吸管在水面呼吸有关[19]，也可能与共生生物(蚊幼虫与鱼类)对水中溶解氧含量(阈值)的要求差异有关，在较低的溶解氧含量条件下，蚊幼虫可以存活，但鱼类等高等天敌生物却无法存活，而当溶解氧含量上升至一定程度后，鱼类等高等天敌生物可以存活并捕食蚊幼虫。

蚊幼虫消化道内腔只有部分为高碱度环境(pH＞10.5)，其余腔道仍为近中性(6.5＜pH＜7.5)，因此在高碱度负荷冲击下蚊幼难以适应生存，因此在一定范围内，蚊幼密度与 pH 值呈显著负相关[20]。

表 4-6　沪浙十河的水质参数与蚊幼密度的相关系数矩阵(N=157)

	LD	pH	WT	DO	SD	NH_4^+-N	NO_3^--N	NO_2^--N	TN	TP	DP	S^{2-}	BOD_5	COD_{Cr}	COD_{Mn}	TOC	Chla
LD	1	0	0.547	0	0.761	0	0.001	0.609	0	0	0	0	0.021	0.001	0.006	0.11	0.932
pH	–0.318**	1	0	0	0.005	0.003	0	0.707	0.511	0	0	0	0	0.818	0.033	0.105	0.703
WT	–0.048	–0.353**	1	0.469	0.096	0.282	0.674	0.194	0.481	0.056	0.117	0.015	0	0.926	0	0.215	0.259
DO	–0.415**	0.535**	–0.058	1	0.7	0	0.142	0.002	0	0	0	0.013	0	0	0	0.221	0.556
SD	–0.024	–0.221**	–0.133	0.031	1	0.001	0	0.827	0	0	0	0.784	0.014	0	0.001	0	0.663
NH_4^+-N	0.455**	–0.234**	–0.086	–0.607**	–0.253**	1	0.031	0	0	0	0	0	0	0	0	0	0.063
NO_3^--N	–0.266**	0.314**	–0.034	0.118	–0.281**	–0.172*	1	0.001	0.001	0.958	0.895	0.002	0.249	0.473	0.276	0.414	0.238
NO_2^--N	0.041	0.03	–0.104	–0.246**	0.018	0.319**	0.266**	1	0	0.001	0.001	0.363	0	0.015	0.007	0.783	0.329
TN	0.349**	–0.053	–0.057	–0.577**	–0.380**	0.809**	0.269**	0.466**	1	0	0	0.061	0	0	0	0.003	0.906
TP	0.433**	–0.309**	0.153	–0.667**	–0.292**	0.818**	–0.004	0.267**	0.804**	1	0	0	0	0	0	0	0.025
DP	0.445**	–0.296**	0.126	–0.700**	–0.296**	0.813**	0.011	0.269**	0.826**	0.972**	1	0.004	0	0	0	0	0.492
S^{2-}	0.315**	–0.445**	0.193*	–0.198*	–0.022	0.340**	–0.243**	–0.073	0.15	0.335**	0.228**	1	0.008	0	0.469	0	0
BOD_5	0.184*	0.299**	–0.515**	–0.286**	–0.195*	0.440**	0.093	0.368**	0.514**	0.322**	0.388**	–0.210**	1	0.001	0	0.252	0.008
COD_{Cr}	0.269**	–0.019	–0.007	–0.363**	–0.419**	0.606**	0.058	0.193*	0.599**	0.632**	0.584**	0.341**	0.262**	1	0	0	0
COD_{Mn}	0.218**	0.170*	–0.281**	–0.299**	–0.253**	0.437**	0.087	0.215**	0.433**	0.358**	0.410**	–0.058	0.613**	0.360**	1	0.265	0.313
TOC	0.128	–0.13	0.1	–0.098	–0.397**	0.334**	–0.066	–0.022	0.238**	0.366**	0.289**	0.363**	–0.092	0.529**	0.09	1	0
Chla	0.007	–0.031	0.091	0.047	–0.035	0.149	–0.095	–0.078	–0.01	0.179*	0.055	0.301**	–0.212**	0.280**	–0.081	0.357**	1

注：*指在 0.05 水平(双侧)上显著相关；**指在 0.01 水平(双侧)上显著相关；LD 指蚊幼密度。

进一步对沪浙十河的水质评价指数和蚊幼密度的关系进行了 Spearman 相关性分析(表 4-7)，结果表明：河道中蚊幼密度与综合污染指数 P(r=0.826，P<0.01)、有机污染指数 A(r=0.751，P<0.05)、综合营养状态指数 TLI(Σ)(r=0.253，P<0.01)及综合水质标识指数 I_{wq}(r=0.642，P<0.05)均呈现了显著正相关关系。说明，重污染河道孳生的蚊虫数量较多。

表 4-7　沪浙十河的水质评价指数与蚊幼密度的相关系数矩阵(N=10)

	LD	PCA	P	A	TLI(∑)	I_{wq}
LD	1	0.088	0.003	0.012	0.223	0.045
PCA	0.567	1	0.008	0.029	0.001	0.000
P	0.826**	0.782**	1	0.000	0.048	0.000
A	0.751*	0.685*	0.976**	1	0.082	0.001
TLI(∑)	0.423	0.891**	0.636*	0.576	1	0.005
I_{wq}	0.642*	0.915**	0.903**	0.867**	0.806**	1

注：*指在 0.05 水平(双侧)上显著相关；**指在 0.01 水平(双侧)上显著相关；LD 指蚊幼密度；PCA 指主成分分析总得分。

4.3　人工湿地及其与蚊虫孳生的关系

湿地(wetland)是介于陆地生态系统和水生生态系统之间的一种过渡类型，因而兼具水生和陆生生态的特点，显著的边缘效应使其结构和功能更复杂多样。社会服务功能上，湿地在蓄洪防旱、调节气候、控制土壤侵蚀、促淤造陆、净化环境污染等方面起着极其重要的作用。人工湿地是在保持天然湿地结构和功能的基础上根据特殊需要由人工化改造的湿地类型，主要用于污水处理和污染水质净化，属于一类生态型水污染治理设施，通常与传统水处理设施联合使用。

按照水流方向/方式，人工湿地分为表流湿地、水平潜流湿地、垂直潜流湿地及其复合型；按照植物类型，分为挺水植物湿地、浮叶植物湿地、漂浮植物湿地及其复合型。

人工湿地的植物和植被与自然湿地比较相似，但在构成、构造上与自然湿地有较大不同，第一，人工湿地的基质比较特殊，除自然土外，需增加砂、石、渣、砖等材料，常用的有：砾石、沸石、黄沙、碎砖、碎瓦以及加气混凝土的废料，由这些材料充填形成的基质层，不仅有较大孔隙率(便于透水)，而且其自身就有净水作用。第二，人工湿地有防渗、配水、导流和通气等要求，这也是自然湿地没有的，其中，防渗是为了防止污水下渗并造成污染扩散，配水和导流包括管、渠、孔，使得水流在湿地系统中有序流动和均匀分配，通气是给湿地供氧并排出废气。

与传统的污水处理设施相比，人工湿地的优势主要表现在：投资和运行费用较低；生态相容度高。但人工湿地也存在一些缺点，主要有：占地较大、容易堵塞、长效性差(一年高效、两年有效、三年低效)，这是与人工湿地缺乏反冲洗和吸附饱和等有关，污物(泥沙、生物膜及腐殖质等)在基质层中越积越多并最终导致人工湿地无法工作，而通过更换基质的方法来再生和更新湿地，不仅影响较大而且成本高昂。另外，人工湿地的植物茂密且生物多样性丰富，这会造成利弊共存，郁郁葱葱、鱼翔蛙鸣、蝶舞鸟飞，这是利，有害生物(蚊虫、蚂蟥)孳生，这是弊。

我国水污染防治和水环境治理的压力巨大，人工湿地作为传统污水处理设施的补充，在我国正处于蓬勃发展时期，除用于农村分散污水处理外，近年来，城镇污水厂的尾水(出水)也多采用人工湿地进行深度处理，称为尾水处理湿地、尾水净化湿地或尾水湿地。

与自然湿地类似，人工湿地有蚊虫孳生的较优越条件，包括水、植物、食源以及阴暗潮湿的生境条件，可能是蚊虫孳生的重要场所。

4.3.1 上海市东区污水处理厂尾水净化湿地及其蚊虫孳生

1. 上海市地区污水处理厂尾水湿地背景简介

上海市东区污水处理厂位于上海市杨浦区，建于 1926 年，是我国最早的城市污水处理厂之一，采用的是当时最先进的活性污泥法处理工艺。上海市东区污水处理厂先后经过了多次改扩建，其设计污水处理能力由最初的 6000m^3/d 扩大至 34000m^3/d，出水水质要达到《城镇污水处理厂污染物排放标准》(GB 18918—2002)的二级标准，建厂初期的一些处理设备和附属建筑也不断更换、更新。随着上海污水处理系统的专业规划调整(市区污水主要集中到白龙港、竹园和石洞口三个污水厂处理)，上海市东区污水处理厂的进水量不断减少，基于对出水水质提标和生态景观建设的双重要求，将厂中闲置的辐流式二沉池改建为人工湿地，用于污水厂出水的深度处理[21]。

上海市东区污水处理厂的尾水湿地圆形水池外侧设双层环形槽(原辐流式二沉池的出水槽)，每个水池内设有 3 块潜流式人工湿地(A、B、C)。圆形水池进水为污水厂出水，经溢流堰进入进水槽(DC-进 1、DC-进 2、DC-进 3)，再由穿孔花墙均匀布水进入湿地，湿地中有通气管(DC-气)，经湿地处理后的水再通过穿孔花墙流至出水槽(DC-出 1、DC-出 2、DC-出 3)，然后通过水池(DC-池)，进入双层环形出水槽(在出水槽内外环各设置三个样点，分别为DC-外 1～3、DC-内 1～3)，最后通过溢流管排出到池外的生态沟渠。由于湿地进水水质较好，特别是SS浓度很低，因此湿地的水力负荷设计值较大(0.4～1.0m/d)，设计流量为 100～250m^3/d，湿地床上种植红花檵木、法国冬青、杜鹃花和小叶黄杨等灌木。

上海市东区污水处理厂的尾水湿地平面、剖面、采样监测点位分布及现场实景如图 4-10～图 4-12 所示。

2017 年 3 月～11 月对上海市东区污水处理厂的尾水湿地水质和蚊幼进行采样监测。

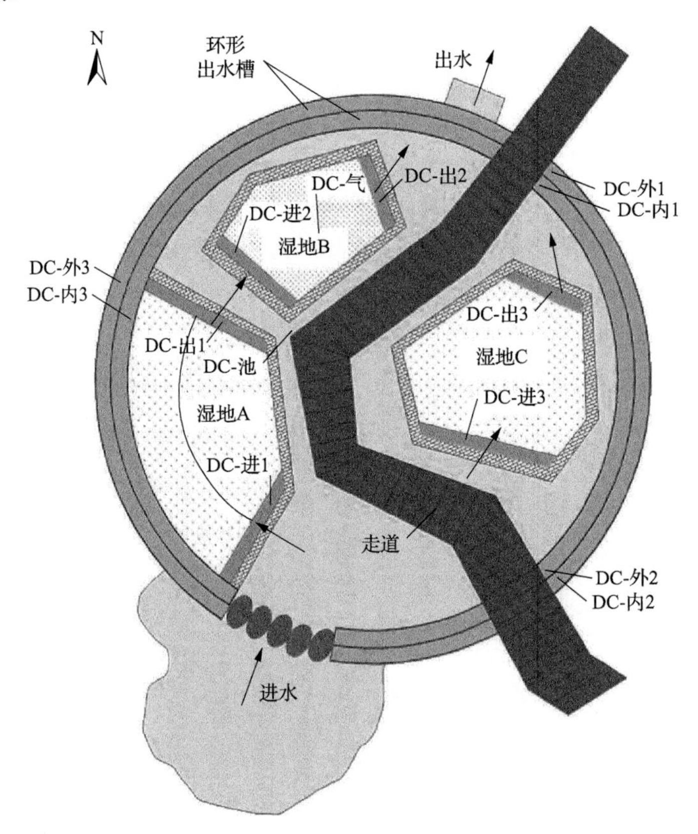

图 4-10　上海东区污水处理厂尾水湿地平面及采样监测点位分布

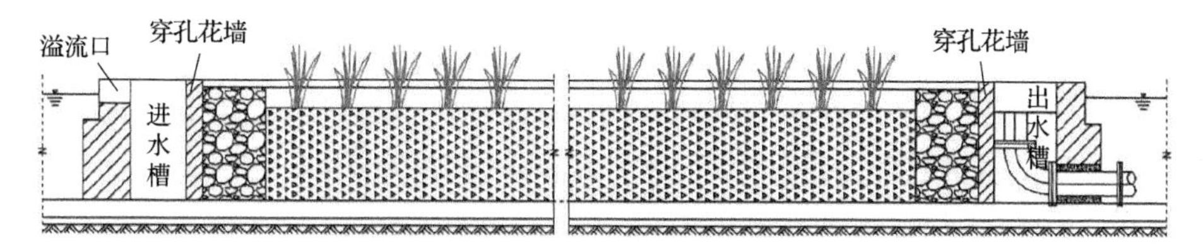

图 4-11　上海东区污水处理厂尾水湿地剖面图

图 4-12　上海东区污水处理厂尾水湿地的现场实景

2. 上海市东区污水处理厂尾水湿地水环境分析与评价

上海东区污水处理厂的尾水湿地池中各样点的 DO、NH_4^+-N、TN、TP、BOD_5 和 COD_{Mn} 的平均值为 4.38mg/L、0.67mg/L、1.24mg/L、0.32mg/L、2.84mg/L 和 6.22mg/L。从空间上看，湿地进出水槽的 DO 浓度较低，湿地池的 DO 浓度较高；NH_4^+-N、TN、TP、BOD_5 在湿地进出水槽中浓度较高，双层环形出水槽中浓度较低。从时间上看，2017 年 6 月份溶解氧浓度最高，达

8.32mg/L，2017 年 5 月份最低；NH_4^+-N、TN、TP 浓度随时间变化的波动较小。

采用模糊综合评价法对上海东区污水处理厂尾水湿地的水质进行评价。选取总氮(TN)、氨氮(NH_4^+-N)、总磷(TP)、溶解氧(DO)、生化需氧量(BOD_5)和高锰酸盐指数(COD_{Mn})作为评价的水质指标，构建评价因子集 U={DO，NH_4^+-N，TN，TP，BOD_5，COD_{Mn}}。根据《地表水环境质量标准》(GB 3838—2002)，将水质级别分为 6 级，确定评价集 V={Ⅰ，Ⅱ，Ⅲ，Ⅳ，Ⅴ，劣Ⅴ}。模糊综合评价的步骤为：首先建立隶属函数和隶属矩阵，再用层次分析法和熵权法计算指标权重，并得出组合权重值，最后将组合权重值与隶属矩阵相乘得到综合水质等级。

各水质指标的隶属函数如下。

1) 溶解氧 DO

$$r_1(x)=\begin{cases}0 \quad (x<6.75)\\(x-6.75)/(7.5-6.75) \quad (6.75<x\leqslant 7.5)\\1 \quad (x\geqslant 7.5)\end{cases}$$

$$r_2(x)=\begin{cases}0 \quad (x\leqslant 5.5, x>7.5)\\(x-5.5)/(6.75-5.5) \quad (5.5<x\leqslant 6.75)\\(7.5-x)/(7.5-6.75) \quad (6.75<x\leqslant 7.5)\end{cases}$$

$$r_3(x)=\begin{cases}0 \quad (x\leqslant 4, x>6.75)\\(x-4)/(5.5-4) \quad (4<x\leqslant 5.5)\\(6.75-x)/(6.75-5.5) \quad (5.5<x\leqslant 6.75)\end{cases}$$

$$r_4(x)=\begin{cases}0 \quad (x\leqslant 2.5, x>5.5)\\(x-2.5)/(4-2.5) \quad (2.5<x\leqslant 4)\\(5.5-x)/(5.5-4) \quad (4<x\leqslant 5.5)\end{cases}$$

$$r_5(x)=\begin{cases}0 \quad (x\leqslant 1, x>4)\\(x-1)/(2.5-1) \quad (1<x\leqslant 2.5)\\(4-x)/(4-2.5) \quad (2.5<x\leqslant 4)\end{cases}$$

$$r_6(x)=\begin{cases}1 \quad (x<1)\\(2.5-x)/(2.5-1) \quad (1\leqslant x<2.5)\\0 \quad (x\geqslant 2.5)\end{cases}$$

2) 氨氮 (NH_4^+-N)

$$r_1(x)=\begin{cases}0 \quad (x>0.325)\\(0.325-x)/(0.325-0.075) \quad (0.075<x\leqslant 0.325)\\1 \quad (x\leqslant 0.075)\end{cases}$$

$$r_2(x)=\begin{cases}0 \quad (x\leqslant 0.075, x>0.75)\\(x-0.075)/(0.325-0.075) \quad (0.075<x\leqslant 0.325)\\(0.75-x)/(0.75-0.325) \quad (0.325<x\leqslant 0.75)\end{cases}$$

$$r_3(x)=\begin{cases}0 \quad (x\leqslant 0.325, x>1.25)\\(x-0.325)/(0.75-0.325) \quad (0.325<x\leqslant 0.75)\\(1.25-x)/(1.25-0.75) \quad (0.75<x\leqslant 1.25)\end{cases}$$

$$r_4(x)=\begin{cases}0 \quad (x\leqslant 0.75, x>1.75)\\(x-0.75)/(1.25-0.75) \quad (0.75<x\leqslant 1.25)\\(1.75-x)/(1.75-1.25) \quad (1.25<x\leqslant 1.75)\end{cases}$$

$$r_5(x)=\begin{cases}0 \quad (x\leqslant 1.25, x>2)\\(x-1.25)/(1.75-1.25) \quad (1.25<x\leqslant 1.75)\\(2-x)/(2-1.75) \quad (1.75<x\leqslant 2)\end{cases}$$

$$r_6(x)=\begin{cases}0 \quad (x\leqslant 1.75)\\(x-1.75)/(2-1.75) \quad (1.75<x\leqslant 2)\\1 \quad (x>2)\end{cases}$$

3) 总氮 TN

$$r_1(x)=\begin{cases}1 \quad (x\leqslant 0.1)\\(0.35-x)/(0.35-0.1) \quad (0.1<x\leqslant 0.35)\\0 \quad (x>0.35)\end{cases}$$

$$r_2(x)=\begin{cases}0 \quad (x\leqslant 0.1, x>0.35)\\(x-0.1)/(0.35-0.1) \quad (0.1<x\leqslant 0.35)\\(0.75-x)/(0.75-0.35) \quad (0.35<x\leqslant 0.75)\end{cases}$$

$$r_3(x)=\begin{cases}0 & (x\leqslant 0.35, x>1.25)\\ (x-0.35)/(0.75-0.35) & (0.35<x\leqslant 0.75)\\ (1.25-x)/(1.25-0.75) & (0.75<x\leqslant 1.25)\end{cases}$$

$$r_4(x)=\begin{cases}0 & (x\leqslant 0.75, x>1.75)\\ (x-0.75)/(1.25-0.75) & (0.75<x\leqslant 1.25)\\ (1.75-x)/(1.75-1.25) & (1.25<x\leqslant 1.75)\end{cases}$$

$$r_5(x)=\begin{cases}0 & (x\leqslant 1.25, x>2)\\ (x-1.25)/(1.75-1.25) & (1.25<x\leqslant 1.75)\\ (2-x)/(2-1.75) & (1.75<x\leqslant 2)\end{cases}$$

$$r_6(x)=\begin{cases}0 & (x\leqslant 1.75)\\ (x-1.75)/(2-1.75) & (1.75<x\leqslant 2)\\ 1 & (x>2)\end{cases}$$

4) 总磷 TP

$$r_1(x)=\begin{cases}1 & (x\leqslant 0.01)\\ (0.06-x)/(0.06-0.01) & (0.01<x\leqslant 0.06)\\ 0 & (x>0.06)\end{cases}$$

$$r_2(x)=\begin{cases}0 & (x\leqslant 0.01, x>0.15)\\ (x-0.01)/(0.06-0.01) & (0.01<x\leqslant 0.06)\\ (0.15-x)/(0.15-0.06) & (0.06<x\leqslant 0.15)\end{cases}$$

$$r_3(x)=\begin{cases}0 & (x\leqslant 0.06, x>0.25)\\ (x-0.06)/(0.15-0.06) & (0.06<x\leqslant 0.15)\\ (0.25-x)/(0.25-0.15) & (0.15<x\leqslant 0.25)\end{cases}$$

$$r_4(x)=\begin{cases}0 & (x\leqslant 0.15, x>0.35)\\ (x-0.15)/(0.25-0.15) & (0.15<x\leqslant 0.25)\\ (0.35-x)/(0.35-0.25) & (0.25<x\leqslant 0.35)\end{cases}$$

$$r_5(x)=\begin{cases}0 & (x\leqslant 0.25, x>0.4)\\ (x-0.25)/(0.35-0.25) & (0.25<x\leqslant 0.35)\\ (0.4-x)/(0.4-0.35) & (0.35<x\leqslant 0.4)\end{cases}$$

$$r_6(x)=\begin{cases}0 & (x\leqslant 0.35)\\(x-0.35)/(0.4-0.35) & (0.35<x\leqslant 0.4)\\1 & (x>0.4)\end{cases}$$

5) 生化需氧量 BOD_5

$$r_1(x)=\begin{cases}1/2 & (x\leqslant 1.5)\\0 & (x>1.5)\end{cases}$$

$$r_2(x)=\begin{cases}1/2 & (x\leqslant 1.5)\\(3.5-x)/(3.5-1.5) & (1.5<x\leqslant 3.5)\\0 & (x>3.5)\end{cases}$$

$$r_3(x)=\begin{cases}0 & (x\leqslant 1.5, x>5)\\(x-1.5)/(3.5-1.5) & (1.5<x\leqslant 3.5)\\(5-x)/(5-3.5) & (3.5<x\leqslant 5)\end{cases}$$

$$r_4(x)=\begin{cases}0 & (x\leqslant 3.5, x>8)\\(x-3.5)/(5-3.5) & (3.5<x\leqslant 5)\\(8-x)/(8-5) & (5<x\leqslant 8)\end{cases}$$

$$r_5(x)=\begin{cases}0 & (x\leqslant 5, x>10)\\(x-5)/(8-5) & (5<x\leqslant 8)\\(10-x)/(10-8) & (8<x\leqslant 10)\end{cases}$$

$$r_6(x)=\begin{cases}0 & (x\leqslant 8)\\(x-8)/(10-8) & (8<x\leqslant 10)\\1 & (x>10)\end{cases}$$

6) 高锰酸盐指数 COD_{Mn}

$$r_1(x)=\begin{cases}1 & (x\leqslant 1)\\(3-x)/(3-1) & (1<x\leqslant 3)\\0 & (x>3)\end{cases}$$

$$r_2(x)=\begin{cases}0 & (x\leqslant 1, x>5)\\ (x-1)/(3-1) & (1<x\leqslant 3)\\ (5-x)/(5-3) & (3<x\leqslant 5)\end{cases}$$

$$r_3(x)=\begin{cases}0 & (x\leqslant 3, x>8)\\ (x-3)/(5-3) & (3<x\leqslant 5)\\ (8-x)/(8-5) & (5<x\leqslant 8)\end{cases}$$

$$r_4(x)=\begin{cases}0 & (x\leqslant 5, x>12.5)\\ (x-5)/(8-5) & (5<x\leqslant 8)\\ (12.5-x)/(12.5-8) & (8<x\leqslant 12.5)\end{cases}$$

$$r_5(x)=\begin{cases}0 & (x\leqslant 8, x>15)\\ (x-8)/(12.5-8) & (8<x\leqslant 12.5)\\ (15-x)/(15-12.5) & (12.5<x\leqslant 15)\end{cases}$$

$$r_6(x)=\begin{cases}0 & (x\leqslant 12.5)\\ (x-12.5)/(15-12.5) & (12.5<x\leqslant 15)\\ 1 & (x>15)\end{cases}$$

计算得出上海东区污水处理厂尾水湿地各样点的隶属矩阵：

$$R_{\text{DC-进1}}=\begin{bmatrix}0 & 0 & 0 & 0.71 & 0.29 & 0\\ 0 & 0 & 0 & 0.47 & 0.53 & 0\\ 0 & 0 & 0 & 0 & 0 & 1\\ 0 & 0 & 0 & 0 & 0 & 1\\ 0 & 0 & 0.44 & 0.56 & 0 & 0\\ 0 & 0 & 0.21 & 0.79 & 0 & 0\end{bmatrix}$$

$$R_{\text{DC-出1}}=\begin{bmatrix}0 & 0 & 0 & 0.40 & 0.60 & 0\\ 0 & 0 & 0 & 0.21 & 0.79 & 0\\ 0 & 0 & 0 & 0 & 0 & 1\\ 0 & 0 & 0 & 0 & 0 & 1\\ 0 & 0.19 & 0.81 & 0 & 0 & 0\\ 0 & 0 & 0.65 & 0.35 & 0 & 0\end{bmatrix}$$

$$R_{\text{DC-进2}} = \begin{bmatrix} 0 & 0 & 0 & 0.05 & 0.95 & 0 \\ 0 & 0 & 0 & 0.84 & 0.16 & 0 \\ 0 & 0 & 0 & 0 & 0 & 1 \\ 0 & 0 & 0 & 0 & 0 & 1 \\ 0 & 0 & 0.83 & 0.17 & 0 & 0 \\ 0 & 0 & 0.36 & 0.64 & 0 & 0 \end{bmatrix}$$

$$R_{\text{DC-出2}} = \begin{bmatrix} 0 & 0 & 0 & 1 & 0 & 0 \\ 0 & 0.91 & 0.09 & 0 & 0 & 0 \\ 0 & 0 & 0.08 & 0.92 & 0 & 0 \\ 0 & 0 & 0 & 0 & 0.05 & 0.95 \\ 0 & 0.73 & 0.27 & 0 & 0 & 0 \\ 0 & 0.27 & 0.73 & 0 & 0 & 0 \end{bmatrix}$$

$$R_{\text{DC-进3}} = \begin{bmatrix} 0 & 0 & 0.53 & 0.47 & 0 & 0 \\ 0 & 0.15 & 0.85 & 0 & 0 & 0 \\ 0 & 0 & 0 & 0 & 0 & 1 \\ 0 & 0 & 0 & 0 & 0 & 1 \\ 0 & 0.43 & 0.57 & 0 & 0 & 0 \\ 0 & 0 & 0.88 & 0.12 & 0 & 0 \end{bmatrix}$$

$$R_{\text{DC-出3}} = \begin{bmatrix} 0 & 0 & 0 & 0 & 0.38 & 0.62 \\ 0 & 0 & 0.64 & 0.36 & 0 & 0 \\ 0 & 0 & 0.62 & 0.38 & 0 & 0 \\ 0 & 0 & 0 & 0 & 0 & 1 \\ 0 & 0.26 & 0.74 & 0 & 0 & 0 \\ 0 & 0 & 0.04 & 0.96 & 0 & 0 \end{bmatrix}$$

$$R_{\text{DC-外1}} = \begin{bmatrix} 0 & 0.01 & 0.99 & 0 & 0 & 0 \\ 0 & 0.59 & 0.41 & 0 & 0 & 0 \\ 0 & 0 & 0.75 & 0.25 & 0 & 0 \\ 0 & 0.96 & 0.04 & 0 & 0 & 0 \\ 0 & 0.05 & 0.95 & 0 & 0 & 0 \\ 0 & 0 & 0 & 0.22 & 0.78 & 0 \end{bmatrix}$$

$$R_{\text{DC-内1}}=\begin{bmatrix}0 & 0 & 0.81 & 0.19 & 0 & 0\\0.05 & 0.95 & 0 & 0 & 0 & 0\\0 & 0 & 0.88 & 0.12 & 0 & 0\\0.34 & 0.66 & 0 & 0 & 0 & 0\\0 & 0.65 & 0.35 & 0 & 0 & 0\\0 & 0 & 0.92 & 0.08 & 0 & 0\end{bmatrix}$$

$$R_{\text{DC-池}}=\begin{bmatrix}1 & 0 & 0 & 0 & 0 & 0\\0.13 & 0.87 & 0 & 0 & 0 & 0\\0 & 0 & 0 & 0.97 & 0.03 & 0\\0.40 & 0.60 & 0 & 0 & 0 & 0\\0 & 0.81 & 0.19 & 0 & 0 & 0\\0.14 & 0.86 & 0 & 0 & 0 & 0\end{bmatrix}$$

$$R_{\text{DC-气}}=\begin{bmatrix}0 & 0 & 0 & 0.51 & 0.49 & 0\\0 & 0.54 & 0.56 & 0 & 0 & 0\\0 & 0 & 0 & 0.39 & 0.61 & 0\\0 & 0 & 0 & 0 & 0 & 1\\0 & 0.04 & 0.96 & 0 & 0 & 0\\0 & 0.34 & 0.66 & 0 & 0 & 0\end{bmatrix}$$

采用评价指标各级浓度标准值的均值计算标度值，通过标度值构建两两比较矩阵，再通过 Matlab 软件计算矩阵的特征向量和特征值并进行一致性检验，从而得到层次分析法权重，结果如表 4-8 所示。

表 4-8　上海东区污水处理厂尾水湿地的水质参数层次分析法所得权重值

权重	DO	NH_4^+-N	TN	TP	BOD_5	COD_{Mn}
DC-外1	0.1699	0.1247	0.2182	0.0722	0.1699	0.2451
DC-内1	0.2334	0.1010	0.2281	0.0693	0.1422	0.2260
DC-出1	0.1211	0.1651	0.2612	0.3092	0.0625	0.0809
DC-进1	0.0817	0.1175	0.2586	0.3985	0.0674	0.0764
DC-进2	0.1484	0.1359	0.2170	0.3279	0.0766	0.0942
DC-出3	0.2202	0.0855	0.0861	0.4573	0.0545	0.0965
DC-出2	0.1702	0.0658	0.2197	0.3615	0.0744	0.1083
DC-进3	0.1066	0.0934	0.2729	0.3583	0.0718	0.0971

续表

权重	DO	NH_4^+-N	TN	TP	BOD_5	COD_{Mn}
DC-池	0.1387	0.1010	0.4358	0.0688	0.1303	0.1255
DC-气	0.1523	0.0693	0.2061	0.4050	0.0909	0.0764
DC-外2	0.1699	0.1247	0.2182	0.0722	0.1699	0.2451
DC-内2	0.2334	0.1010	0.2281	0.0693	0.1422	0.2260
DC-外3	0.1699	0.1247	0.2182	0.0722	0.1699	0.2451
DC-内3	0.2334	0.1010	0.2281	0.0693	0.1422	0.2260

再构建判断矩阵，然后将矩阵归一化后确定熵值及熵权。得到各指标信息熵及熵权，结果如表 4-9 所示。

表 4-9　上海东区污水处理厂尾水湿地的水质参数信息熵与熵权

评价指标	DO	NH_4^+-N	TN	TP	BOD_5	COD_{Mn}
信息熵	0.9953	0.9984	0.9976	0.9976	0.9987	0.9975
熵权	0.3129	0.1075	0.1623	0.1640	0.0857	0.1676

取层次分析法和熵权法计算的权重平均值作为组合权重值，结果如表 4-10 所示。

表 4-10　上海东区污水处理厂尾水湿地的水质参数组合权重法得到的最终权重值

组合权重	DO	NH_4^+-N	TN	TP	BOD_5	COD_{Mn}
DC-外1	0.1973	0.1125	0.2104	0.2812	0.0766	0.1220
DC-内1	0.2170	0.1363	0.2117	0.2366	0.0741	0.1243
DC-出1	0.2307	0.1217	0.1896	0.2459	0.0812	0.1309
DC-进1	0.2416	0.0866	0.1910	0.2627	0.0801	0.1380
DC-进2	0.2097	0.1004	0.2176	0.2611	0.0788	0.1324
DC-出3	0.2666	0.0965	0.1242	0.3106	0.0701	0.1320
DC-出2	0.2414	0.1161	0.1902	0.1181	0.1278	0.2064
DC-进3	0.2732	0.1043	0.1952	0.1166	0.1140	0.1968
DC-池	0.2414	0.1161	0.1902	0.1181	0.1278	0.2064
DC-气	0.2732	0.1043	0.1952	0.1166	0.1140	0.1968
DC-外2	0.2414	0.1161	0.1902	0.1181	0.1278	0.2064
DC-内2	0.2732	0.1043	0.1952	0.1166	0.1140	0.1968
DC-外3	0.2258	0.1042	0.2990	0.1164	0.1080	0.1466
DC-内3	0.2326	0.0884	0.1842	0.2845	0.0883	0.1220

利用该权重值与模糊矩阵相乘，计算各样点水质类别的隶属度，最终得到综合水质类别，结果如表 4-11 所示。

表 4-11　上海东区污水处理厂尾水湿地的水质模糊综合评价结果

区域	样点	水质类别隶属度						水质等级 B_T^*	水质类别
		Ⅰ类	Ⅱ类	Ⅲ类	Ⅳ类	Ⅴ类	劣Ⅴ类		
东区污水处理厂	DC-进1	0.0000	0.0000	0.0586	0.3327	0.1171	0.4917	5.3360	劣Ⅴ
	DC-出1	0.0000	0.0143	0.1408	0.1594	0.2372	0.4483	5.4470	劣Ⅴ
	DC-进2	0.0000	0.1022	0.5150	0.1334	0.0000	0.5854	4.6275	Ⅴ
	DC-出2	0.0000	0.1741	0.1474	0.4158	0.0126	0.2501	4.1493	Ⅴ
	DC-进3	0.0000	0.0000	0.2333	0.2591	0.2151	0.6285	5.3891	劣Ⅴ
	DC-出3	0.0000	0.0186	0.1953	0.2089	0.1000	0.4771	5.3335	劣Ⅴ
	DC-外1	0.0000	0.1916	0.5554	0.0913	0.1617	0.0000	3.0630	Ⅳ
	DC-内1	0.0458	0.2496	0.6142	0.0904	0.0000	0.0000	2.8703	Ⅲ
	DC-外2	0.0000	0.1646	0.5950	0.0850	0.1553	0.0000	3.0688	Ⅳ
	DC-内2	0.0387	0.2108	0.6477	0.1028	0.0000	0.0000	2.9226	Ⅲ
	DC-外3	0.0000	0.1646	0.5950	0.0850	0.1553	0.0000	3.0688	Ⅳ
	DC-内3	0.0387	0.2108	0.6477	0.1028	0.0000	0.0000	2.9226	Ⅲ
	DC-池	0.3057	0.3743	0.0209	0.2910	0.0081	0.0000	2.2401	Ⅲ
	DC-气	0.0000	0.0918	0.2069	0.1907	0.2261	0.2845	4.6980	Ⅴ

注：*将水质等级看成连续的相对位置，并用数值{1, 2, 3…6}表示水质等级{Ⅰ，Ⅱ，Ⅲ，Ⅳ，Ⅴ，劣Ⅴ}，对应每个评价对象将各水质等级进行加权运算，得到评价对象的相对位置。其公式如下：

$$B_T=\left(\sum_{j=1}^{6}w_j^{\beta}\cdot j\right)/\left(\sum_{j=1}^{6}w_j^{\beta}\right) \tag{4-5}$$

式中：w_j 表示评价对象在第 j 级水质标准的隶属度；β 为加权系数，本文取 β=2。

如表 4-11 综合分析得知：上海东区污水处理厂尾水湿地的进出水水质较差，为Ⅴ类～劣Ⅴ类水，其中，湿地 A 和湿地 B 的进出水水质最差（劣Ⅴ类），然后是湿地 C 的进出水（Ⅴ类），A、B、C 湿地池内（DC-内 1、DC 内-2、DC-内 3）的水质最好（Ⅲ类），说明整个湿地池对污水厂出水的深度净化效果较好，但在湿地池的外槽因落叶累积和腐烂，使得水质略变差（从Ⅲ类变为Ⅳ类）。

3. 上海市东区污水处理厂尾水湿地蚊幼种群密度与时空分布

2017 年 3 月～11 月在上海东区污水处理厂尾水湿地中采集到蚊幼合计

3610 条，其中 5 月～8 月的监测均呈阳性，9 月份开始呈阴性。在共计 14 个采样监测样点中，有 8 个样点呈现阳性，其中 2 个样点阳性率较高。

如图 4-13 所示，湿地 C 出水口(DC-出3)蚊幼密度明显高于其他点位，2017 年 5 月 13 日蚊幼密度可达 143.1 条(只)/勺，6 月 15 日可达 80.0 条(只)/勺，且在前 5 次采样中蚊幼阳性率全部达 100%。但在 2017 年 8 月份时该点蚊幼密度骤降，蚊幼密度仅为 1.0～2.0 条(只)/勺。湿地 C 进水口(DC-进3)的蚊幼密度水平仅次于其出水口，最高值出现在 5 月的两次采样中，分别达 23.7 条(只)/勺、10.5 条(只)/勺，阳性率均为 100%。湿地外环出水槽(DC-外3)在 5 月 27 日采集到蚊幼密度为 9.3 条(只)/勺，蚊幼密度较大。而其他样点虽也采集到蚊幼，但密度均小于 2.3 条(只)/勺。

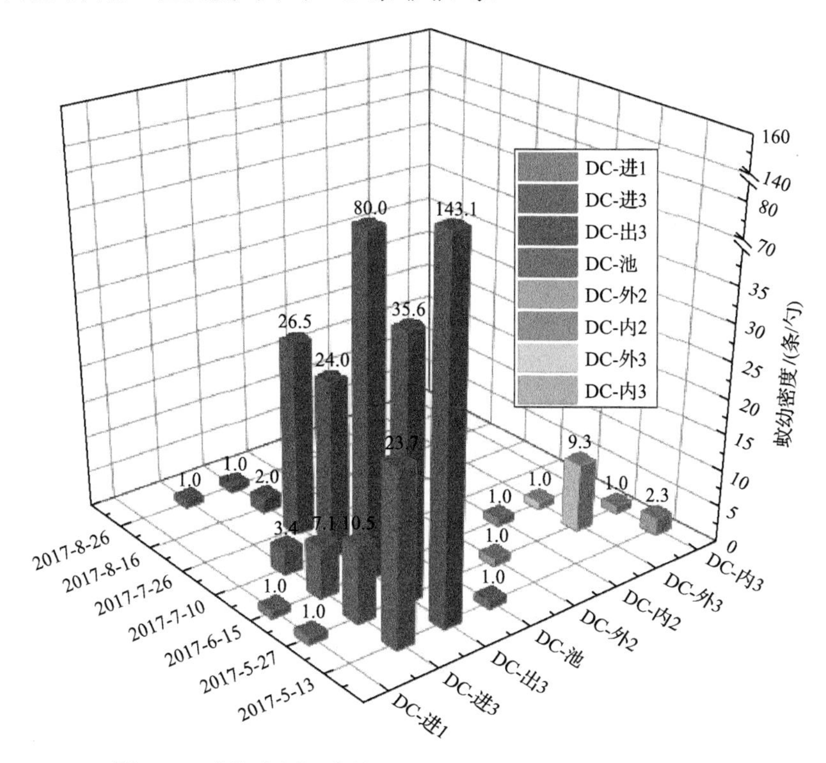

图 4-13　上海东区污水处理厂尾水湿地蚊幼孳生密度及分布

上海东区污水处理厂尾水湿地的蚊幼虫孳生问题比较严重，呈现蚊幼阳性率和密度双高特点，其中以湿地 C 的进出水蚊幼阳性率和密度最高，这可能与湿地 C 的进水槽和出水槽靠近高大乔木(香樟)有关，不仅阴凉而且槽内积累了较多乔木落叶，给蚊幼的生长发育提供了较好的微生境条件。

4.3.2 常熟市中创污水处理厂尾水净化湿地及其蚊虫孳生

常熟市中创污水处理厂为南京中创水务集团与常熟市尚湖镇政府合作的BOT项目，坐落于江苏省苏州市常熟市尚湖镇杜家湾村祥和路以北。

该污水厂设计处理能力为日处理污水1万吨，2008年开始建设并于2009年底投入运行，污水处理采用“水解酸化+氧化沟(A/O)+混凝沉淀+过滤”的工艺，出水水质执行国家《城镇污水处理厂污染物排放标准》(GB 18918—2002)一级A标准和《太湖地区城镇污水处理厂及重点工业行业主要水污染物排放限值》(DB 32/1072—2007)标准。

常熟市是我国纺织业比较集中的地区，该污水厂进水中纺织印染废水比例也较高，进厂污水颜色深，呈褐色和深红色。污水经水解酸化池进入氧化沟后进行好氧生化处理，氧化沟中采用转碟曝气机，并投加乙酸钠为作为碳源强化脱氮效果。生化出水投加聚合氯化铝强化除磷，然后进入滤池，滤池出水经次氯酸钠消毒后排放到望虞河。

根据太湖富营养化治理的总体布局和要求，常熟市中创污水处理厂于2018年开始提标改造，主要措施有：①新建进水的应急储存池，对进厂的高浓度工业废水进行应急储存，以便减小其对后续处理工艺的冲击；②新建尾水处理湿地，对污水厂出水进行深度净化。

新建的尾水湿地位于厂区东南方向，由南京大学常熟生态研究院设计，于2019年建成并开始试运行。该尾水湿地总面积达21940平方米，设计表面水力负荷为0.91m/d，主要栽种(圈养)香蒲、芦苇、香根草、凤眼莲等水生(湿生)植物，填料基质主要有砾石和沸石，各湿地单元配套有进水(井和阀门)、穿孔管、出水渠等附属设施，出水最终排放到望虞河。该污水厂和尾水湿地现场实景及尾水湿地平面如图4-14和图4-15所示，整个湿地平面呈手枪形(西南边有民宅)，由18个单元组成，分表流和潜流两种流态。由于中创污水处理厂的主体处理工艺提标改造尚在施工，故试运行期间的尾水湿地进水来自于望虞河支浜的河水(泵提)。

于2019年6月开始对常熟市中创污水处理厂及其尾水处理湿地进行调研和监测，以湿地池的阀门井(槽)为重点对象(湿地池和出水渠中都没有采集到蚊幼虫)，结果如图4-16～图4-18所示(2019年6月～2020年6月)。

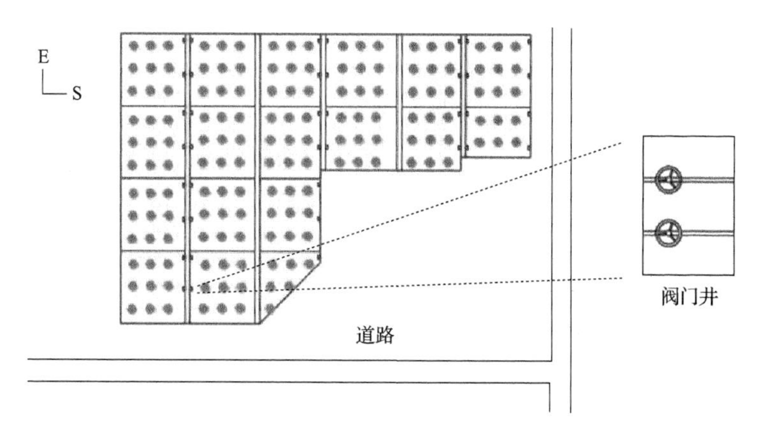

图 4-14　常熟市中创污水厂尾水湿地平面图

图 4-15　常熟市中创污水厂及尾水湿地现场实景

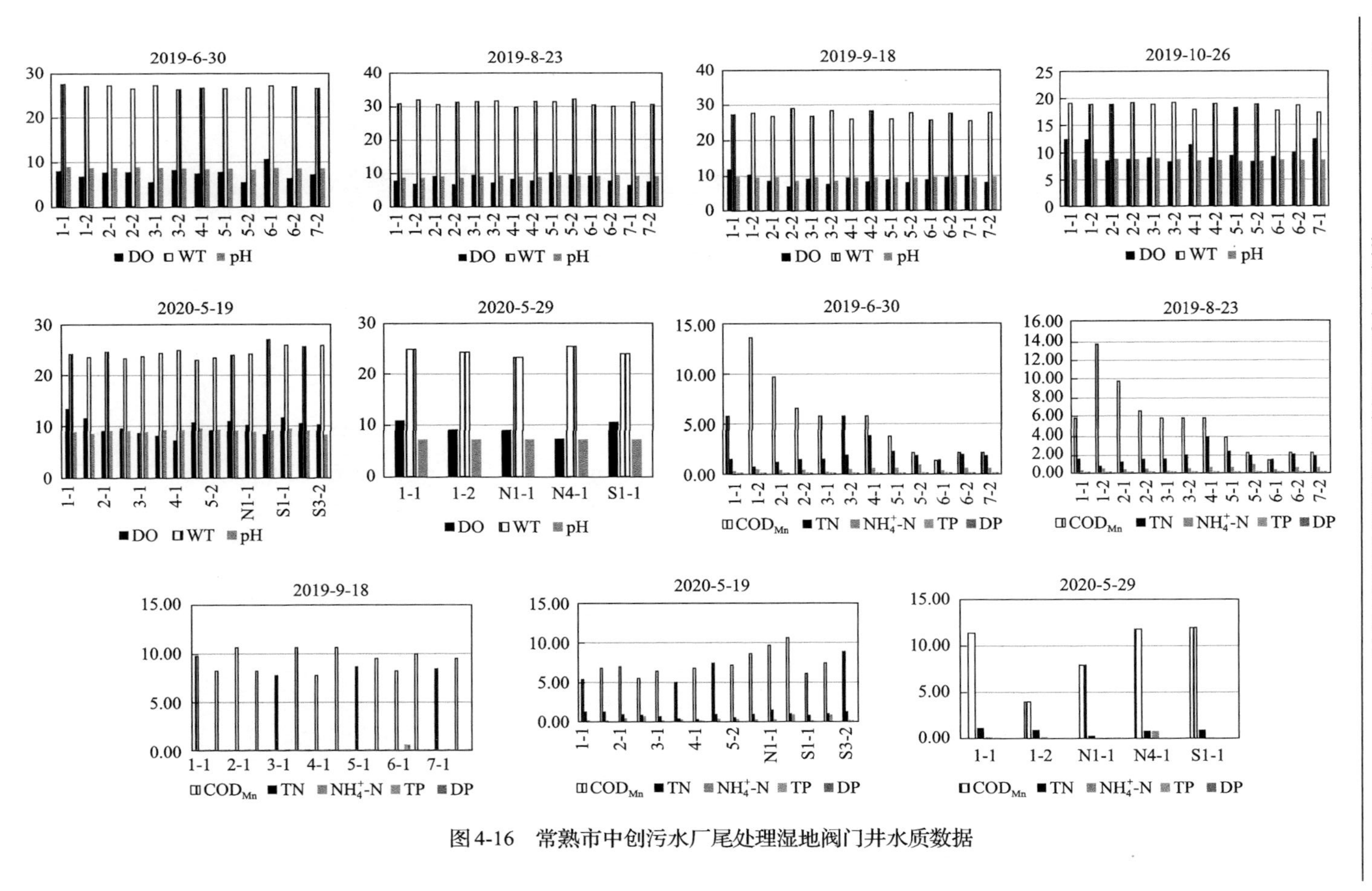

图 4-16　常熟市中创污水厂尾处理湿地阀门井水质数据

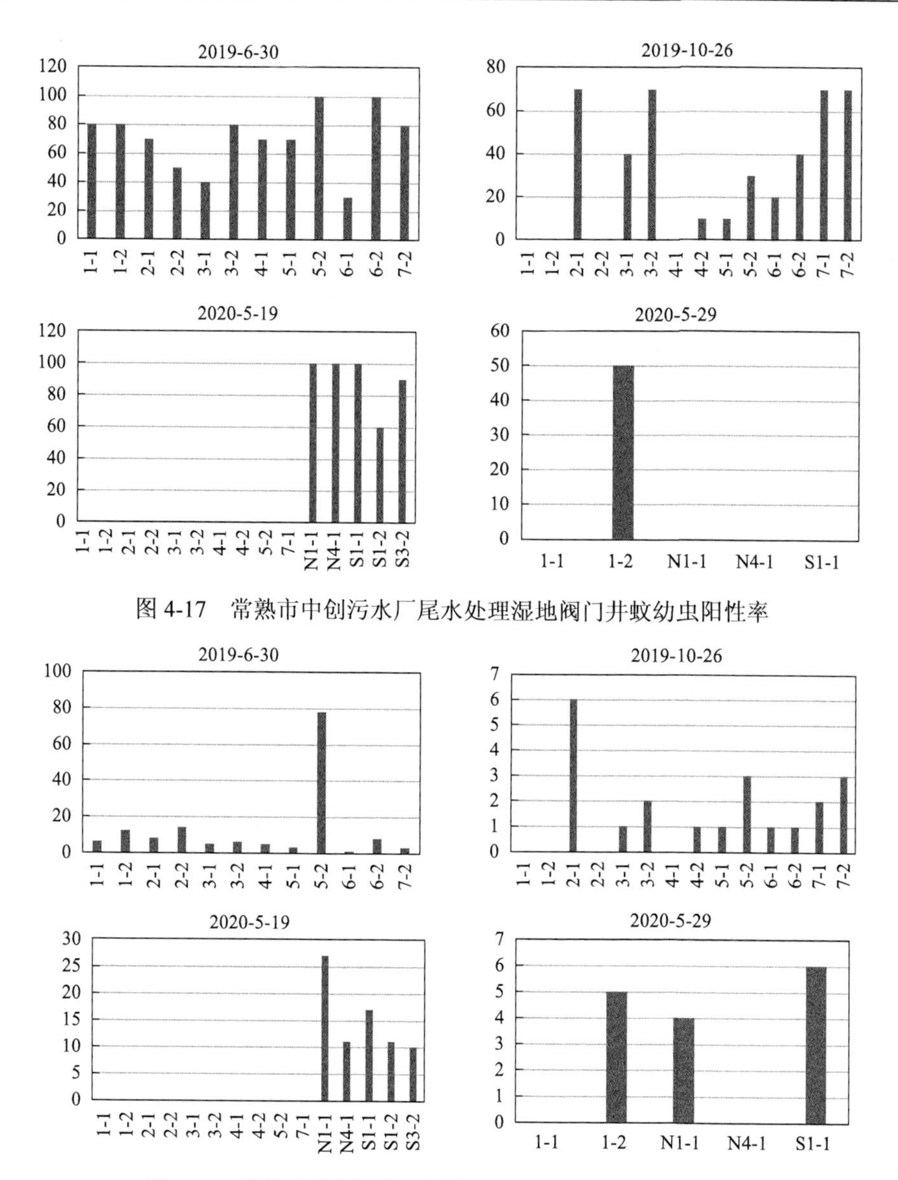

图 4-17 常熟市中创污水厂尾水处理湿地阀门井蚊幼虫阳性率

图 4-18 常熟市中创污水厂尾水处理湿地阀门井蚊幼虫密度

常熟市中创污水厂尾水湿地的阀门井水质呈现高 DO、高 pH 值以及较低氮磷的特点，这一方面与阀门井的来水(望虞河的支浜河水以及雨水)有关，另一方面与阀门井底部的基质(砾石)有关，河水和雨水相对清洁，砾石泡水后会释放碱性物质。

常熟市中创污水厂尾水湿地的主体构筑物(湿地池)中未采集到蚊幼虫，这主要与湿地试运行期间采用河水作为进水有关，进水管将望虞河支浜河水中鱼、虾等水生动物带进湿地池并捕食蚊幼虫。相比而言，尾水湿地的附属设施——阀门井中蚊幼虫的阳性率和勺密度较高，特别是2019年6月30日，阀门井中的蚊幼虫阳性率和勺密度达到双高，且基本是库蚊。据现场察看得知，发现蚊幼虫且阳性率和勺密度较高的阀门井相对独立：阀门井与湿地池之间没有缝隙或缝隙很小，导致湿地池中鱼、虾等天敌难以或无法进入阀门井。阀门井水质对蚊幼虫的有无及其阳性率和勺密度的影响不明显。敞开式阀门井是尾水湿地的蚊幼虫主要孳生地。

4.4　城市海绵体及其与蚊虫孳生的关系

4.4.1　海绵城市计划的由来及发展

近几十年来，在我国快速的工业化和城市化进程中，城市环境污染与生态退化逐渐凸显，致使我国经济社会的进一步发展面临着越来越大的生态环境压力[22-25]。

近年来，我国城市水安全、水环境、水生态、水资源、水卫生等问题多发，严重威胁到我国城市社会经济发展和人民生命财产安全以及生态文明建设[26-28]。造成这些问题的主要原因之一是城市化发展带来的城市地表硬化和排水模式变化[29]，并进而导致城市水资源循环模式和路径以及排水在量、时、质上的改变，造成城市内涝、水环境污染、水生态退化，严重时会危及人民的生命安全。因此，解决城市水问题已经迫在眉睫[29-32]。

频发的城市内涝和水环境污染已表明原有的城市排水理念和模式已不能满足城市可持续发展的需求，亟须一个更为合理与全面的解决方案。“海绵城市”理念的提出正是立足于这一背景，通过现有设施的改造和新建海绵设施实现城市雨洪的有效管理与合理利用，使城市在适应雨洪和污染的冲击下具有良好的弹性[33]。然而，各城市在推进海绵城市建设过程中，仍存在不少的困惑和问题，直接影响试点城市的推行效率以及实施方案的合理性[34,35]。因此，亟待更加全面和深入地认识海绵城市建设理念，以期为后续海绵工程建设及运行提供依据。

在海绵城市方面，尽管各国的表述不同(表4-12)，研究和实践情况也各有差异，但都致力于寻求一种城市化背景下因地制宜的雨洪管理和污染控制策略。美国是最早开始研究海绵城市的国家，其后是澳大利亚、英国、日本、中国[36,37]。

表 4-12　国内外关于海绵城市的主要表述

国家	英文表述	中文表述
美国	Best Management Practices (BMPs) Low Impact Development (LID) Green Stormwater Infrastructure (GSI)	最佳管理措施 低影响开发 绿色雨洪基础设施
英国	Sustainable Urban Drainage System (SUDS)	可持续城市排水系统
日本	Rainwater Storage and Infiltration Project (RSIP)	雨水贮留渗透计划
澳大利亚	Water Sensitive Urban Design (WSUD)	水敏性城市设计
中国	Sponge City Plan (SCP)	海绵城市计划

1. 美国：BMPs、LID、GSI

20 世纪 70 年代，美国颁布了清洁水法(Clean Water Act)并且提出了“最佳管理措施”(best management practices，BMPs)[38]，最初主要用于城市和农村的面源污染控制，后来逐渐发展成为控制降雨径流水量和水质的生态可持续的综合性措施[39]。1997 年美国国会通过的《联邦水污染控制法修正案》(federal water pollution control act amendment，FWPCA)，首次将 BMPs 理念纳入立法层次。BMPs 主要是通过结构性工程措施和非结构性管理措施来阻止或减少污染物通过径流汇入地表水或地下水，同时达到补充与回灌地下水的目的[40]。BMPs 的工程措施主要用于减污、减沙、防洪等结构性措施，如沉沙池、过滤带、湿地缓冲区、植物篱等，非工程措施是一些新管理措施的操作程序或现有管理措施的改进，如耕作管理、养分管理、景观管理等[41]。2003 年美国将 BMPs 目标扩大到涵盖雨洪控制、水土流失控制及面源污染控制等综合管理决策体系[42]。

由于 BMPs 偏重事后、末端管理，存在设施占地面积大、建设及维护成本高的问题，不利于大面积推广[43]。由此，20 世纪 90 年代，美国东部地区的乔治王子县(Prince George’s County)和西北地区的西雅图(Seattle)、波特兰市(Portland)在 BMPs 的基础上共同提出了城市雨水管理新概念：“低影响开发”(low impact development，LID)。与具有宏观尺度的 BMPs 相比，LID 比较偏向于微观或中观层面的近自然治理，LID 强调在降雨时尽可能通过储存、渗透、滞留、蒸发以及过滤、净化对雨水径流进行量和质的调节和控制，将城市开发后的雨水排出状态恢复或接近开发前的状态[44-46]。

2008 年，美国在 LID 的基础上进一步发展为“绿色雨洪基础设施”(green stormwater infrastructure，GSI)，GSI 的重点在于通过复合的绿色基础设施网络体系增强城市对雨洪的适应能力[47,48]。美国政府还通过税收控制、财政补贴与专项贷款等一系列的经济手段来鼓励雨洪的合理处置及资源化利用。

2. 英国：SUDS

20 世纪 90 年代，英国在参考和借鉴美国 LID 和 BMPs 的基础上，把环境和社会的因素纳入到城市新型排水系统的规划和建设中，综合考虑了水量、水质、水环境和水景观等因素，通过综合措施实现城市水资源的绿色生态循环。1999 年 5 月，为解决城市传统排水系统产生的多发洪涝和严重污染等问题，英国建立了可持续城市排水系统(sustainable urban drainage system，SUDS)的理念和模式。2004 年，英国国家城市排水系统工作小组发布了《可持续城市排水系统的过渡时期实践规范》。SUDS 是自然水资源循环的仿生，强调城市雨洪先蓄存、后排放，强化雨水的就地下渗和自然净化，通过雨洪的源头、传输和末端控制和净化，实现径流控制与污染削减的全过程管理[49,50]。

英国制定的《住房建筑管理规定》鼓励在居民家中、社区和商业建筑等开展雨水的收集和利用，雨水直接从屋顶收集，并通过导水管简单过滤后进入地下储水罐/池储存。2015 年以后，英国政府为进一步提高径流控制与污染削减的效果，要求新建单一住房单元的居民每人每天设计用水量不超过 125 升才能获得开工许可，要求开发商和居民更加积极地在家中建立雨水收集和回收系统，实现节水、控涝、减污的“三赢”。同时，英国也强力推动大型民用建筑和商业建筑的雨水收集和利用。英国雨水再利用管理协会认为，英国在城市雨水的收集和利用方面仍有巨大的发展空间[41]。

3. 日本：RSIP

第二次世界大战以后，日本的城市内涝和水污染问题十分严重，近水或洼地居民不仅受到雨水进屋的危害而且受到水体黑臭的影响。日本综合治水大致以 20 世纪 70 年代为转折点，从截污、疏浚、拓宽、护岸与堤防建设等单项治水措施转型发展到全流域综合治水对策，城市排水系统从“快排”模式转变为“滞、蓄、渗、排”多途径和多手段综合运用的转变[52]。1976 年，鹤见川流域遭遇台风暴雨袭击，沿河 4830 户被淹，为此，日本组建了“鹤见川水防灾计划委员会”，成为日本全流域综合治水的先驱[53]。1977 年，日本推出“雨水蓄流”概念，1980 年，日本提出“综合治水对策特定河川计划”，让居民小区自行消纳雨水，以恢复流域固有的蓄水、滞水能力并补充涵养地下水、复活泉水和恢复河川基流[49,50,54]。1988 年，日本成立了“雨水贮留渗透技术协会”，吸引了清水、住友、三菱等知名企业参加。1992 年，日本颁布了“第二代城市地下水总体规划”，要求将雨水渗沟、渗塘及透水地面作为城市总规、详规、专规的组成部分，随后，日本修改了建筑法，要求大型建筑物及建筑群必须建设地下雨水储存池和利用系统。日本对雨水利用实行补助金制度，例如，东京都墨田区 1996 年开始试行促进雨水利用的补助金制度，对地下和地上的储雨装置给予一定的资金补助，其中，雨水储存池/罐每立方米补助 40～120 美元，雨水净化器补助 1/3～2/3 的造价。

4. 澳大利亚：WSUD

澳大利亚的雨洪管理主要经历了萌芽期(1960～1989 年)、起步期(1990～1999 年)、跨越期(1999～2010 年)和稳定期(2011 年～)4 个阶段[55-57]。20 世纪 80 年代，澳大利亚政府开展了一场名为“放雅拉河一条生路”(Give the Yarraa Go!)的运动[58]。20 世纪 90 年代，墨尔本市的洪涝灾害频发并造成了大量经济损失和人口伤亡。1994 年，来自西澳大利亚(Western Australia)的学者理维蓝和哈而佩恩·格里克·曼塞尔首次提出了水敏性城市设计(water sensitive urban design，WSUD)理念[59]，但在当时并未得到认可。20 世纪 90 年代后期，随着全球可持续理念的普及和推广，WSUD 的认可度也越来越高。随后，澳大利亚联邦政府、州政府、私营机构及高校基金会共同支持和成立了两所合作研究中心，分别研究城市汇水水文(catchment hydrology)和淡水生态系统(freshwater ecology)，将城市的雨水径流量、雨水质量和水生态环境三方面耦合开展研究和实践[60]。21 世纪初是 WSUD 走向成熟发展的阶段，澳大利亚政府提出了“发挥城市雨水再利用”(cities as water supply catchments)的管理理念，2005 年底，上述两所合作研究中心撤销，成立了水敏性城市研究中心(Centre for Water Sensitive Cities)，指导城市雨洪管理。2002 年，澳大利亚主办了首届国际水敏性城市设计大会(Water Sensitive Urban Design Conference)。2005 年，墨尔本水务局颁布了《水敏性城市设计工程手册》，至 2011 年，澳大利亚雨洪管理体系已经趋于完整和稳定。

5. 中国：SCP

与美英日澳等国家相比，我国的城市雨洪问题有两个特点：①我国城市化发展起步较晚，因此，我国的城市雨洪问题的发生也相对较晚，这个时间差大概有 30～40 年；②我国城市化发展速度快、规模大，因此，解决我国城市雨洪问题的需求更加急迫、市场更加广阔，综合体量大约是美英日澳的总和。

“海绵城市”一词在我国最早出现于 2012 年 4 月北京大学在深圳召开的《2012 低碳城市与区域发展科技论坛》[61]，由此引起了理论界和实务界的密切关注。2013 年 12 月 12 日，习近平总书记在中央城镇化工作会议上明确提出：“提升城市排水系统时要优先考虑把有限的雨水留下来，优先考虑更多利用自然力量排水，建设自然存积、自然渗透、自然净化的海绵城市”[62]。住房和城乡建设部于 2014 年 10 月 22 日发布了《海绵城市建设技术指南——低影响开发雨水系统构建(试行)》（以下简称《指南》），该《指南》对“海绵城市”的概念给出了明确的定义，即：城市能够像海绵一样，在适应环境变化和应对自然灾害等方面具有良好的“弹性”，下雨时吸水、蓄水、渗水、净水，需要时将蓄存的水“释放”出来并加以利用，从而在减少城市洪涝灾害发生的同时提升城市生态功能[63]。2015 年 4 月和 2016 年 4 月，财政部相继分别发布了 16 个和 14 个国家级海绵城市建设试点的名单，各省市也分别制定了地方级海绵城市建设规划，海绵城市建设工作在全国范围内迅速展开。

《海绵城市建设技术指南——低影响开发雨水系统构建(试行)》吸纳和借鉴了 LID 的成果与经验，从技术选择和控制目标等方面给出了系统的说明和指导，是我国海绵城市建设的蓝本。我国海绵城市建设的单项工程措施主要有透水铺装、绿色屋顶植草沟、雨水花园、渗井、蓄水池、雨水罐、调节塘、调节池等。《指南》要求海绵城市的考核目标应包括径流总量控制、径流峰值控制、径流污染控制、雨水资源化利用等内容。这些分目标既各司其职又存在密切的耦合关系，如径流总量控制的同时也削减了污染排放量，雨水资源化利用的同时也控制了径流总量和污染排放量，各地应结合自身的雨洪及水污染现状、气象水文地质等特点，合理规划与实施，表 4-13 归纳了我国部分海绵城市计划试点城市在规划设计目标(指标)上的差异，这些差异体现了因地制宜的原则：我国幅员辽阔，各地的自然条件和社会经济上的差异较大或很大，如白城是我国东北地区小型城市，低温、少雨、社会经济欠发达是其海绵城市规划和建设中需重点关注的因素；上海是我国东部沿海特大型城市，多雨、雨热同季、风暴潮同期、社会经济较发达、雨洪灾害影响大、海绵建设和海绵化改造的空间受限是其海绵城市规划和建设中需重点关注的因素；三亚是我国南部沿海中型城市，高温、多雨、低山丘陵、植被丰富、社会经济较发达是其海绵城市规划和建设中需重点关注的因素。

表 4-13　海绵城市建设试点城市的相关情况比较

城市	多年均降雨量/mm	径流总量控制率/%	径流污染控制(以TSS削减率计)/%	推荐植物(水生植物为例)	径流峰值控制(以雨水排水系统设计重现期表示)
白城	399.8	80～85	50～70	石菖蒲、芦苇、鸢尾、千屈菜等	一般地区取 2～3 年，重要地区取 3～5 年，地下通道和下沉式广场等取 10～20 年
西宁	380.0	85～90	68～74(海湖片区)	水葱、旱伞草、千屈菜等	一般地区取 2～3 年，重要地区取 3～5 年，地下通道和下沉式广场等取 10～20 年
鹤壁	664.9	70～85	40～60	未推荐	一般地区取 2～3 年，重要地区取 3～5 年，地下通道和下沉式广场等取 10～20 年
上海	1123.7	75～85	75～80	美人蕉、水葱、香根草等	一般地区取 3～5 年，重要地区取 5～10 年，地下通道和下沉式广场等取 30～50 年
重庆	1133.0	75～85	≥50	千屈菜、芦竹、美人蕉等	一般地区取 2～5 年，重要地区取 5～10 年，地下通道和下沉式广场等取 20～30 年
三亚	1263.0	60～85	≥45	风车草、富贵竹、菖蒲、水生美人蕉等	一般地区取 2～3 年，重要地区取 3～5 年，地下通道和下沉式广场等取 10～20 年

纵观国内外城市雨洪管理理论和实践的发展，都经历了“问题(雨洪)导向→理论先行→政策制定→推广应用”的过程，前后经历了 30 余年。BMPs、LID、GSI、SUDS、RSIP、WSUD、SCP 在目标上都是为了解决城市发展过程中带来的雨洪问题，LID 的“低影响”与 SUDS 的“可持续”在本质上是一致的，WSUD 在“水敏：缺水敏感、洪涝敏感、污染敏感、生态敏感”问题导向上与 BMPs、LID、GSI、SUDS、RSIP、SCP 是一致的，SCP 的“海绵”与 RSIP 的“贮留、渗透”是一致的，BMPs、LID、GSI、SUDS、RSIP、WSUD、SCP 都强调“蓝”(水体)、“绿”(植物)和“灰”(排水管道)的有机结合。

我国海绵城市计划实施为期不长，建设和运行过程中出现的新问题急需研究和解决，分析和讨论如下：

1) 蓝绿灰结合

与传统的城市排水管网设施相比，城市海绵设施以绿色/生态作为特色，而传统的城市排水管网以灰色/硬化作为特征。

《海绵城市建设技术指南——低影响开发雨水系统构建(试行)》要求海绵工程的规划、设计、建设需做到：优先保护和修复天然海绵体(河湖、湿地、坑塘、沟渠、绿地)，充分利用水体的滨岸空间，通过平面布局、地形改造、土壤调节以及绿化建设等方式发挥和强化其“渗、蓄、净”功能。纵观国内外的生态型排水系统，大多是把排水管网与海绵设施结合起来建设和运行。我们在规划和建设海绵工程时，应避免因“非此即彼”和“偏好一方”而造成的失误。具体说来，应通过排水管网和海绵设施的“有机耦合、取长补短、相辅相成”来达到控涝和减污的目标。

传统的排水管网其雨水井及雨水口通常与城市道路交通同步规划和建设，两者之间的耦合与衔接已有成熟经验且运行良好。但已建的海绵设施(植草沟、下沉绿地、雨水花园、雨水湿塘)其雨水口与排水管网的衔接材料大多是堆石或绿篱，这样的衔接是否会存在杂物堵塞问题，需要尽快研究和解决。

2)生态空间

硬化是城市的共同特征，也是造成城市水患(量和质)的主要原因。城市硬化不仅包括平面硬化(如道路、广场等)，也包括竖向或立体硬化(屋顶以及地下空间，如地下商场、地下车库、隧道等)。这样的硬化特征造成了城市生态空间规模小、破碎化严重等问题，并因区域类型(中心城区、城郊接合部、郊区)而异。

水体和绿地是城市优质的海绵体，包含了水、绿、土等自然海绵要素及其发挥的海绵功能。然而，我国人多地少的国情和快速城市化发展的现状，造成了“海绵之急”和“海绵之难”的困境，在大型和特大型城市尤为突出。一方面，城市的水患问题严重，城市径流的“量大、峰高、质差、快排”十分普遍，另一方面，城市特别是中心城区的下垫面已经高度硬化，海绵化和去海绵化的矛盾凸显。由此导致一些城市的大规模海绵化项目多选择在城郊接合部或郊区实施，而在中心城区只能开展“见缝插针”式的小规模建设，这无疑带来了需求与供给之间的矛盾：中心城区的海绵化改造/建设的需求很大，但可供海绵化改造/建设的空间/条件不足，进而会造成多方利益冲突，包括：海绵体与停车位的矛盾，海绵化与地下空间开发的矛盾，等等。更有甚者，违法填河的事件也有发生。

新加坡的立体绿化(墙面、屋顶、立交、坡面、台地、走廊、窗台及檐口等)模式和经验值得我国参考，但需要遵守因地制宜的原则，应在自然条件(气候、地形、土壤、地下水)和城市建设等的科学分析和综合比较基础上，确定合适的方案，不能简单地照搬。另外，立体绿化属于困难立地型绿化，其管理难度较大且维养成本较高，特别是，我国东南沿海地区因台风的影响可能会导致盆栽的高空坠落进而造成安全事故，北方地区的城市冬季植物冻害也是需要注意的问题。

3)植物立地与生长

为了发挥和增强海绵设施的应用功效，通常需要对样地进行微地形改造/调整，并规划/建设植草沟、下沉绿地、雨水花园、雨水湿塘等低于路面(汇水区)的海绵体。然而，这些海绵体因其在水文上呈现干湿交替的特征，其中，规模较大的雨水湿塘在运行过程中水位变化频繁且水位变幅较大，并由此形成了“消落带”效应，加上坡地因冲刷造成土壤流失、养分难以维持，导致植物很难或无法立地和生长，出现了较严重的“稀疏”“低矮”“斑秃”乃至“裸土”等问题，这不仅恶化了海绵设施的景观，还削弱了海绵设施的净污效果。如果通过人工施肥(在海绵体基质层中补加肥料)的方式来促进植物生长，则又会带来水质污染问题。

4)有害生物

海绵设施的建设和运行，综合了水、土、绿三个生态要素，为一些生物提供了一种新的生境，其中包括有害生物。调研发现，一些城市的雨水花园、雨水湿塘中生长有水绵(水青苔)，可能与这些海绵体的水质和水文条件(浅水、静水及较强光照)有关。如果水绵泛滥，则会造成灾害：恶化景观、堵塞排口、影响生态。因海绵体是开放式环境且有多种生物共存，物理遮盖难以实施，药剂施用的副作用较大。机械作业也多有不便。目前，大多通过人工清捞的方式来清除水绵，但劳动强度大且治理效果有限。另外，疾控部门治理蚊害通常建议“平整土地、消除积水”。但是，海绵工程建设需要在城市下垫面新增积水地，而且要求这些积水地以“数量多且布局分散”为宜，与居民区、公园广场以及商业体等紧密交织。那么，这些海绵体有可能成为一种新的蚊虫孳生地，应尽快研究并解决。同样的问题也可能出现在城市立体绿化系统中，如花盆、树箱和种植槽。

5)管养与安全

很多已建海绵设施大多没有防护栏。在这种格局下，一方面可能会造成透水铺装、绿地因人为踩踏、车辆碾压而损坏，另一方面，大型雨水湿塘(库塘)可能会存在偶发性溺水等安全事故，且这些事故的发生概率、灾害程度因试点区域的道路交通和管理水平而异。另外，透水铺装在运行过程中是否会出现人工湿地类似的堵塞问题，也需要重视并解决。

6)专业协调与竣工验收

城市海绵工程的规划、建设和运行涉及面很广，在专业方面，需要与给水排水、道路交通、园林绿化、生态环境等部门密切合作并力争取得协调和共赢，但具体工作上，各专业之间的矛盾乃至冲突是难免的，这就需要主次分明与统筹兼顾相结合，如能软的地方，就应把软做到位，不宜软的地方，就应协调各方需求。另外，我国目前的海绵工程施工质量(包括材料选配)与验收标准等方面也急需提标和完善。

4.4.2　池州市海绵工程简介

池州市位于安徽省西南部，地处东经 116°38′～108°05′，北纬 29°33′～30°51′，北望安庆市，南接黄山市，西南与江西省九江市接壤，东和东北与芜湖市、铜陵市、宣城市相邻。

池州市属于暖湿性热带季风气候，气候温暖，四季分明，光照充足，年平均气温为 17.3℃，年均日照率 45%，年均无霜期 220 天，最长 286 天。

池州市多年平均降雨量 1483mm，多年平均降雨天数 142 天。降雨时空分布不均，主汛期 6～7 月，其降雨量占全年的 29.7%。池州市多年平均径流深为 500～1000mm，径流的年际变化大，干旱年径流深为 300～500mm，丰水年径流深可达 900～1400mm。短时降雨主要发生在 6～9 月，随之产生的洪峰，老城区因排水管网能力不足易形成内涝。

池州市城区位于长江中下游冲积平原与丘陵结合区域，境内地形地貌多为剥蚀丘岗、平原及低洼湖盆，丘岗植被发育良好，总体地势南高北低，土质多为粉质黏土、淤泥质粉质黏土，地下水位为 0.20～3.70m，土壤渗透系数为$<6\times10^{-8}\sim1\times10^{-6}$m/s。市区建筑密度较大，规划预留绿地面积不足，至 2002 年，池州市区的绿化覆盖率为 29.17%，低于国家标准的 39%，城市发展的同时，自然植被破坏，导致整个城市绿化面积有减少的趋势。

2015 年 1 月，财政部和住房和城乡建设部以及水利部三部联合开展重要财政支持海绵城市建设试点工作，池州市基于城市减涝和污染治理的需要，经过省级推荐、资格审核、现场评审的流程，申报并成功获批为第一批国家海绵城市建设试点城市，依照“节水优先、空间均衡、系统治理、两手发力”原则，依托优良的生态本底，融合新型城镇化与海绵城市建设等理念，积极推进雨水资源化、城市海绵化，探索“净排为先、滞蓄结合、渗用为辅”的池州海绵城市建设模式。

池州市海绵城市建设与改造工程近期规划区域为 18.5km^2，规划所涉及区域主要覆盖建成区(老城区)、天堂湖新区以及平天湖附近的湿地区(图 4-19)，其中，建成区面积为 10.68km^2，天堂湖新区和平天湖湿地区面积为 7.82km^2，主要实施的区域有：汇景片区(东湖路社区、汇景社区、翠微社区、月亮湖社区、湖心社区、南湖社区)以及观湖赵圩片区(杏花村社区、池口社区)等；远期规划海绵城市建设面积为 50km^2。根据“国发办 2015[75]号文”相关建设要求，到 2020 年底，池州市城市建成区 46.25%的面积应达到海绵城市建设的要求，到 2030 年底，83.33%的建成区面积应达到海绵城市建设要求。

图 4-19　池州海绵城市建设区域分布图

通过前期调研，我们从 2017 年 3 月份开始现场采样和监测研究，采样监测区域分别为池州市天堂湖新区的池州一中校园和贵池区三台山公园，至采样时，两处海绵设施均已建成并运行一年。

1. 池州一中雨水湿塘

池州一中(CZYZ)雨水湿塘位于学生公寓区内(图 4-20)，总汇水面积达 4.1 万 m^2。改造前，该区域排水管网为雨污合流制且设计标准较低。改造后，该区域综合雨量径流系数降低到 0.32。海绵工程采用局部绿化下沉，并设计绿化廊道，将屋面、道路雨水和篮球场排水引入绿化带，经过绿化带内设置的旱溪砾石过滤系统汇入雨水湿塘，同时增加了 DN600 雨水排水管网，将溢流雨水通过管网排入清溪河[64]。采样点为雨水湿塘和雨水井（CZYZ-塘、CZYZ-井）。

图 4-20　池州市池州一中采样监测区（雨水湿塘和雨水井）

2. 三台山公园

三台山公园为山地开放公园（图 4-21），占地面积 14.8 万 m^2，其中，山体覆盖率达 90%。海绵工程建设后，三台山公园年径流控制率达到 83%，径流深度控制为 37.2mm。本研究区域为三台山公园东北角的客水滞留区，包括硬质结构的景观水池、卵石铺设的旱溪和雨水湿塘三部分，雨水径流经调蓄和净化后一部分补充景观水，剩余的排放。采样点分别为景观水池（STS-池）和雨水湿塘（STS-塘）。

图 4-21　池州市三台山公园采样监测区（景观水池和雨水湿塘）

4.4.3　池州市海绵体样地水环境监测与评价

由于雨水湿塘为半长期性积水，因此个别月份未采集到水样。

1. 池州一中雨水湿塘

池州一中雨水湿塘溶解氧、氨氮、总氮、总磷、BOD_5 和 COD_{Mn} 浓度的平均值分别为 7.41mg/L、0.73mg/L、1.92mg/L、0.10mg/L、2.55mg/L 和 6.75mg/L，呈现污染物浓度均较低但溶解氧含量较高的水质特点。但在 2017 年 8 月时，雨水湿塘的氨氮、总氮和总磷浓度突然升高，分别达 8.04mg/L、8.34mg/L 和 0.49mg/L，说明该雨水湿塘受到了突发性外源排污的影响。

2. 三台山公园

三台山公园各样点的溶解氧浓度均较高，平均达 9.37mg/L，且污染物浓度较低，氨氮、总氮、总磷、BOD_5、COD_{Mn} 浓度平均值为 0.25mg/L、0.50mg/L、0.04mg/L、2.36mg/L 和 6.29mg/L。

采用模糊综合评价法计算和评价池州市各海绵设施水质，结果如表 4-14 所示。除特别情况外，海绵体的水质均较好，达到地表水Ⅴ类及以上，最好的可达Ⅱ类，说明海绵设施对雨水径流具有较好的净化效果。

表 4-14　池州市各海绵体样点的水质模糊综合评价结果

样点	水质类别隶属度						水质等级 B_T	水质类别
	Ⅰ类	Ⅱ类	Ⅲ类	Ⅳ类	Ⅴ类	劣Ⅴ类		
CZYZ-塘	0.0000	0.1929	0.3193	0.0470	0.1609	0.2799	4.0250	Ⅴ
CZYZ-井	0.2352	0.2282	0.1446	0.2999	0.0921	0.0000	2.7540	Ⅲ
STS-池	0.2848	0.1904	0.1314	0.2035	0.1899	0.0000	2.5992	Ⅲ
STS-塘 1	0.2795	0.3389	0.0908	0.1744	0.1164	0.0000	2.1289	Ⅱ
STS-塘 2	0.3268	0.3222	0.0375	0.1778	0.1358	0.0000	2.0503	Ⅱ
STS-塘 3	0.2855	0.3587	0.0699	0.2272	0.0586	0.0000	2.1365	Ⅱ

4.4.4　池州市海绵体样地幼虫种群密度与时空分布

2017 年各海绵体中，仅在池州一中雨水湿塘溢流口中监测到蚊幼，阳性月份为 6 月、7 月、8 月，采集的蚊幼经鉴定后均为淡色库蚊。根据《病媒生物密度控制水平　蚊虫》(GB/T 2771—2011)的定义，计算其蚊幼勺指数、蚊幼虫密度和成蚊率(表 4-15)，蚊幼密度 6 月份为 1.6 条/勺、7 月份为 2.2 条/勺、8 月份为 1 条/勺。虽然海绵体的蚊幼密度较低，但勺指数较高，说明城市海绵体具有一定的蚊虫孳生风险[65]。

表 4-15　池州市池州一中雨水湿塘蚊幼孳生情况

日期	勺指数/%	蚊幼虫密度/(条/勺)	成蚊率/%(雌∶雄)
2017-6-18	100	1.6	18.75(3∶0)
2017-7-14	50	2.2	36.36(3∶1)
2017-8-12	20	1.0	0

4.5　水体滨岸带及其与蚊虫孳生的关系

滨岸带是临近水体并呈条带状的水-陆交错空间，包括水体沿岸的滩、坡、堤、坝、墙等。滨岸带在保障水利安全、促进经济发展和保护生态环境中具有多方面的作用和功能。

城市水体滨岸带有多种类型。按照断面形态划分，有直立型滨岸带、斜坡型滨岸带、台阶型滨岸带以及复合断面型滨岸带；按照构筑材料划分，有土坡型滨岸带、植被型滨岸带、石材型滨岸带、木材型滨岸带、混凝土型滨岸带以及复合材料型滨岸带；按照使用功能划分，有水利滨岸带、消浪滨岸带、水质净化滨岸带、亲水滨岸带、景观滨岸带、植物滨岸带、动物(鱼、虾、蟹、萤火虫)滨岸带以及复合功能型滨岸带。工程应用中，滨岸带构筑材料还可以采用不同的组合和施工方法，如石材型滨岸带有抛石型、堆石型、干砌块石型、浆砌块石型等类型，木材型滨岸带有木桩排滨岸带、沉梢滨岸带、沉排滨岸带等类型。

城市水体滨岸带的发展过程大致可分为三个阶段，即自然型滨岸带→硬质型滨岸带→生态型滨岸带。

1. 自然型滨岸带

自然型滨岸带是由水流和泥沙运动自然形成的产物，大多为土坡或泥滩，但其抗冲刷和侵蚀的能力较弱，容易滑坡和坍塌，安全性差。在城市特别是中心城区，自然型滨岸带已很少见，但有经过人工改建的近自然型滨岸带。

2. 硬质型滨岸带

硬质型滨岸带以水泥、混凝土和块石等砌筑/浇筑/堆积而成，有单级挡土墙、双级挡土墙以及台阶(阶梯)等形式，挡土墙倾斜或直立，台阶也可有多层。硬质型滨岸带稳定性和安全性高，但由于其“硬化”和“光秃”的特征，隔断了水-土-气-生之间的联系，生态效应和景观质量差。直立硬质型滨岸带常见于城市的中心城区，其优点是安全性好且节省占地，但生态效应和景观质量极差。

3. 生态型滨岸带

生态型滨岸带又称为近自然型滨岸带，是顺应人们“回归自然”要求对硬质型滨岸带进行生态化改造或修复的产物，兼顾了安全性和生态性的综合要求。

长期以来，由于人们过分强调水利安全的单一目标，采用水泥、混凝土、块石等硬质材料对城市水体滨岸带进行人工化改造和建设，这不仅破坏了水体的生态结构和功能，而且恶化了水体的景观质量。

20 世纪 80 年代以来，随着回归自然和生态文明的要求越来越强烈，硬质型滨岸带的生态修复已成为水体综合治理重点任务之一。瑞士、德国于 20 世纪 80 年代末就提出了“亲近自然河流”理念，日本在 20 世纪 90 年代初就开展了“重建多自然型河川计划”，通过对硬质型滨岸带进行改造和修复，不仅加强了地表水和地下水的交换和循环，而且促进了多种生物的生存和繁衍，提高了水体的自净能力，重现了水体的自然本色。

生态型滨岸带是一种突出生态功能的滨岸带，其构建材料选择和构建方法既要体现以生态性为主，也要保障足够的安全性，还要尽可能节省占地。与其他类型的滨岸带相比，生态型滨岸带一般应满足材质自然、内外透水、岸坡稳定、生物丰富等要求。

因环境保护和回归自然的要求，生态型滨岸带的研究和应用正处于快速发展时期，土壤植被滨岸带、石材滨岸带、木材滨岸带、纤维垫滨岸带、土工格栅滨岸带、土壤固化剂滨岸带、多孔混凝土滨岸带是目前生态型滨岸带的常见类型。

1) 近自然型滨岸带

近自然型滨岸带是在自然形成的土坡或泥滩基础上改建形成的，对原有土壤适当夯实，增加压顶和护脚，或将岸带断面改建为台阶型(梯田式)。近自然型滨岸带的生态性好且投资少，但占地较多，且安全性和亲水性较差，可能有滑坡和坍塌等问题。为此，可以通过掺加固化剂来增加岸坡的结构稳定性，如石灰、水泥、粉煤灰、石膏等无机固化剂和沥青、环氧树脂、丙烯酸钙、聚丙烯酰胺等有机固化剂。在近自然型滨岸带建设中，这些固化剂通常与土壤、肥料、草籽等混合起来应用，以便促进植物生长并融为一体。

2) 石材型滨岸带

石材型滨岸带是以石材为主要元素的滨岸带，有堆石、抛石、石笼等类型，其中，堆石和抛石的生态性较好，类似于近山水体的滚石，但石笼的安全性较好。

(1) 堆石。堆石又称积石或置石，是指在滨岸带上无规则堆积或堆放天然石材（卵石、砾石、块石）。堆石主要用于常水位以上的滨岸段，与周围环境相结合，常见于公园和水体滨岸带造景，兼有压堤固土作用。

(2) 抛石。抛石有直接抛石和袋装间接抛石两种实施方法。抛石可以有效增强滨岸带特别是坡脚的稳定性。与砌石相比，抛石对石材规格的要求较低，可降低石材的加工费用。抛石表面粗糙，且石块之间有很多空隙，便于生物栖息和繁衍。抛石滨岸带的可塑性强，有一定的自愈能力。

对于石材资源缺乏的平原地区，可将废弃的混凝土块作为抛石材料，以节省建设成本和实现废物利用。

抛石施工设备和材料一般有定位船、抛石船、档位绳、打水砣和浮标等，施工时按照定位船定位→系档位绳→人工抛投→抛石船移位的步骤开展作业。

袋（网）装抛石是将石块先装在编织袋或尼龙网中，然后抛掷。与直接抛石相比，袋（网）装抛石具有整体性高、柔性好、有利于植物扎根和植株固定等优点。

(3) 石笼。石笼是将石头装在笼子里，这些笼子由镀锌（喷塑）铁（钢）丝加工而成。有时，为了提高结构强度，常将石笼固定于框架上。与堆石和抛石滨岸带相比，石笼滨岸带的整体性强、结构稳定性高、能适应河床变形以及水流冲击。石笼既可平铺，也可以砌筑成直立的挡土墙，以减少滨岸带的占地面积。同时，石笼滨岸带空隙率高、透水性好，便于水流通过和生物栖息。有时，在石笼内充填球形填料，以增加生物膜量并强化净污功能。

石笼的结构强度和耐腐蚀性能是石笼滨岸带构建中需要重点考虑的因素。国外在永久性河岸防护工程建设中多采用特殊的钢丝网笼，如 Maccaferri 系列产品，其镀锌量达 240g/m^2，镀锌层厚 33μm，相当于我国 AA1 级镀锌钢丝标准。在镀锌钢丝表面外加 PVC 涂层（喷塑），可以有效提高网笼的耐腐蚀性能，其使用寿命可达 60 年以上。美国自然资源保护署（NRCS）推荐在 pH 值小于 5.5 的酸性环境中及在 pH 值大于 11.0 的碱性环境中使用 PVC 涂层的镀锌钢丝材料。在钢丝网石笼滨岸带的施工中，要注意合理选择钢丝网孔径及充填的石料粒径，还要控制沉放速率和做到准确定位。

3）木材型滨岸带

（1）沉（填）梢。沉梢滨岸带的核心构件是树枝或竹片捆装而成的梢架，类似于河狸坝。如果在梢架内充填碎石，则称为填梢。沉（填）梢的挠性大、空隙率高，可以作为多流速变化河段的坡脚护底。在工程实施中，可以将沉梢、填梢和抛石组合起来应用。南京市水利局采用沉梢坝（树枝梢体+抛石）解决长江芜裕段六凸子外圩的滨岸带崩塌问题，其梢体采用长 2.5～3.0m、直径约 3cm 左右的新鲜坚韧树枝，用 14 号铅丝交叉绑扎在一根长 2.5m、直径 5cm 的树棍上，每隔 15cm 扎一根树枝，成一片梢排，抛投时将 4 组梢排纵向串联成 10m 的长排体，然后在树枝交叉处绑好石块（石块单体质量为 60～70kg），组成单个梢体。该沉梢坝实施完成后，坝体内侧水流速率明显低于坝外，且促淤和降浊效果显著。

（2）木栅栏。木栅栏由木桩组装而成，其材质自然，粗糙的表面可以附着大量生物膜，也利于鱼、虾、螺蛳等生物的产卵和栖息，但容易腐烂。

河海大学在宜兴市林庄港河道生态修复试验中应用了木栅栏砾石笼构建生态滨岸带，其木栅栏由杉木桩（直径约 0.2m，长 3m）和横隔挡板（长 0.98m，宽 0.20m，厚 0.08m）组成，木桩间距为 1m，横隔挡板间距为 0.4m。木栅栏的外侧为梯形堆砌的钢丝网砾石笼（砾石直径为 0.2～0.3m）。研究结果表明：通过建设木栅栏砾石笼，该河段河水中 COD_{Mn}、TN、TP 分别降低了 10%～15%、10%～20%、10%～30%，生态滨岸带建设前河道中底栖动物均为耐污型（苏氏尾鳃蚓、霍甫水丝蚓、摇蚊属），建设后出现了敏感型底栖动物（仙女虫、涡虫和蜓科）。

4）纤维垫滨岸带

（1）天然植物纤维垫。一些山区和丘陵地区的河流，其河岸带由于水流和风浪冲刷，基质多为沙滩和裸露的岩石，有机质和营养少，不利于动植物生存繁衍。此时，可采用植物纤维及其加工的产品（垫、毯）作为生态滨岸带材料。可用的植物纤维有棕丝、麻丝、椰丝、稻草、麦秆等。中国水利水电科学研究院等单位在秦皇岛市洋河水库应用棕丝纤维垫作为滨岸带材料，并扦插活柳枝和栽种芦苇及其他草本植物（紫花苜蓿、红三叶、高羊茅、草地早熟禾、二色胡枝子、百脉根、黑麦草），施工两个月后，柳枝成活率达 97%左右，苜蓿、红三叶、高羊茅等的成活率也达到 75%以上。

（2）人造织物纤维垫。人造织物纤维垫又称土工布或土工织物，是由涤纶、腈纶、锦纶等人造纤维通过针刺或编织而成的，分为有纺和无纺两种类型，与天然植物纤维相比，其抗拉强度高、渗透性好、耐腐蚀。与砌石和混凝土相比，采用土工布作为滨岸带材料，具有投资少、工期短等优点，常用于水体堤坝建设和防汛抢险以及软基路面处理。聚酯长丝土工布(PET 纺黏长丝土工布)是我国目前应用较多的土工布。

在工程实施中，可以将天然植物纤维或人造织物纤维掺和到混凝土与水泥砂浆中组合应用。中铁十八局在南宁市竹排冲河道整治工程中采用了澳大利亚生产的 FS 浆垫，这种浆垫是聚酯长丝纤维双层织物，有铰链块型、植草块型、反滤排水型等多种规格，灌入砂浆后即可固定成型，不仅施工简便，而且可塑性强、透水性好、防冲刷和耐腐蚀。

5) 土工格栅滨岸带

土工格栅是以聚丙烯(PP)、聚乙烯(PE)等有机高分子为原料，经加工形成蜂窝状的网片。按照拉伸方向，土工格栅分为单向拉伸型和双向拉伸型两种。土工格栅可以加工成箱状、袋状。在滨岸带建设中设置土工格栅，可以增加土体摩阻力，提高坡岸的结构稳定性。而且，由于格栅的锚固作用，抗滑力矩增加，草皮生根后草、土、格栅形成一体，更加提高了滨岸带的结构稳定性。与钢(铁)丝型网笼相比，土工格栅更加经济、轻便、耐腐。

目前，土工格栅型滨岸带在我国应用已十分广泛，如上海浦东国际机场围海大堤工程、上海化学工业区围海造地工程、桂林漓江滨岸带工程等。

6) 多孔混凝土滨岸带

多孔混凝土是一类生态友好型混凝土，具有多孔、透水、生物相容、净化污染等优点。日本是较早开发和使用多孔型混凝土的国家，并于 2001 年编制了《绿化混凝土的施工手册》。

多孔(大孔)混凝土砌块是多孔混凝土滨岸带的主体和骨架。多孔混凝土砌块可以分为多孔连续性绿化混凝土砌块和孔洞型多层结构绿化混凝土砌块。其中，多孔连续性绿化混凝土砌块主要适于大面积、现场施工的绿化工程，尤其是大型土木工程之后的景观修复等；孔洞型多层结构绿化混凝土是采用多孔混凝土并施加孔洞、多层板复合制成的绿化混凝土，主要用在阳台、屋(墙)顶部等不与土壤相连的部位，以增加城市的绿色空间，美化环境。在城市河道护坡或滨岸带结构中可以利用多孔混凝土预制块体做成砌体结构——挡土墙。

植物是生态型滨岸带的有机组成。良好的植被覆盖不仅可以固堤和保水，而且可以净污，还可以为其他生物的栖息和繁衍提供良好的生境。同时，滨岸带植被也可调节周边的气温和地温，为人们提供舒适的生活环境。

在城市水环境治理工程中，植物选择是生态型滨岸带设计和建设中的重要内容，需注意以下事项：

(1)根据安全性要求选择植物。以提高滨岸带的稳定性并防止滑坡和坍塌。许多草本、灌木和半灌木植物具有发达的根系，可有效提高坡岸的抗剪能力，防止滑坡及坍塌。狗牙根、结缕草、地毯草、百喜草、野牛草、假俭草、香根草、黑麦草、高羊茅、小冠花、白三叶等禾本科和豆科植物具有适应性强、繁殖快、根系发达等优点，是生态型滨岸带构建中常用的植物。

(2)根据水位及其变化选择植物。河道滨岸带大致可分为三个区域，即死水区、水位变化区和无水区。死水区是指从坡脚到死水位之间的区域，该区域常年浸泡在水中，因此应选择一些耐水性的植物，如芦苇、茭白、水葱等水生和湿生植物。水位变化区又称“消落带”，该区域因受到丰水期与枯水期变化的影响，是水位变化最大的区域，也是受风浪冲蚀最为严重的区域，因此宜采用深根类且耐淹的灌木及半灌木植物，如灌木柳、沙棘等。无水区植被的主要作用是减少降雨及其径流对岸带的冲刷、净化污染以及美化环境，该区域是人类活动最频繁的地方，因此可与景观规划结合起来，选择一些观赏性较强的植物，如美人蕉、苜蓿等草本植物和柳树、樟树等乔木植物。

(3)根据气候条件选择植物。不同城市的气候条件相差可能很大，有的地区炎热，有的地区寒冷，因此适宜生长的植物种类也不相同。有些植物抗寒性能较差，在寒冷地区不能安全过冬，有些植物抗热性能较差，在炎热地区越夏困难。因此，滨岸带植物的选择要适合不同的气候条件，否则会造成植物难以生长甚至大量死亡。我国华北和西北地区冬季寒冷、干燥，宜选择沙棘、沙打旺、枸杞、无芒雀麦、冰草、百慕达、三叶草等耐寒、耐旱性植物；我国南方夏季炎热，宜选择狗牙根、百喜草、苜蓿等耐高温的暖季型植物。水芹、香菇草、狐尾藻等水生植物耐寒性较强，可在死水区和水位变化区栽种。

(4)根据景观需求选择植物。垂柳、水杉、夹竹桃是景观性较好的乔木和灌木，在生态型河岸带建设中多有应用。

垂柳属于落叶型乔木，具有耐水性强、成活率高等优点。成活后的柳枝根部舒展且致密，能稳定河岸，加之其枝条柔韧、顺应水流，其抗洪、保护河岸的能力强；繁茂的枝条为陆上昆虫提供生息场所，浸入水中的柳枝、根系还可为鱼类产卵、幼鱼避难、觅食提供场所。

水杉也属于落叶型乔木，喜光，喜湿润，生长快。水杉树形优美，树干高大通直，叶色翠绿，入秋后叶色金黄，木质轻软，可用于建筑和造纸，是亚热带地区平原绿化的优良树种。

夹竹桃属于常绿型灌木，原产伊朗，现广植于热带及亚热带地区，在我国各省区均有栽培，是良好的造景速生植物。夹竹桃自古以来就是深受人们喜爱的一种观赏植物，株形圆整，叶如竹似柳，花似桃非桃，花色清丽，四季常青，颇具观赏价值。夹竹桃对二氧化硫和扬尘具有很好的净化作用，能有效改善大气环境质量。夹竹桃的茎叶还可提取和加工成纺织纤维、药物和化工原料。

在生态型滨岸带建设中，植物的种植可以有多种方法，如人工栽种法、水力喷播法、草皮卷法等。人工栽种法是将植物的繁殖体(种子、植株或种苗)直接播撒(种子)、扦插(植株，如柳枝)或栽种(种苗)在土壤中，但这种方法在坡度大的滨岸带上施工难度大、工期长，容易下滑和坍塌。水力喷播法最早应用在公路两侧护坡的加固和绿化，适合于土质松软、坡度较大的护(坡)岸应用。水力喷播机是由动力机、水泵、水箱、管道、喷头组成，装在汽车上运行。喷播前应将草种、纸浆、黏合剂、肥料、水等按一定比例投入喷播机水箱中，经过水泵加压后喷播到需要护(坡)岸表层，待草种发芽出苗后即可成坪。与传统植草方法相比，水力喷播法具有效率高、工期短、喷播均匀、附着力强、成坪快、养护费用低等优点，可大面积、全天候施工。草皮卷法就是预先在塑料网上育苗，当草生长到一定的高度和密度且与塑料网交织在一起形成草皮卷后，再移植到岸坡上。

上海市环境科学研究院等单位在上海市浦东新区机场镇河道坡岸改造中，采用了活枝扦插、柴笼和灌丛垫等土壤生物工程技术开展了生态修复示范，取得了良好的应用效果。

为进一步加强和规范河道生态建设，上海市制订和颁发了《上海市河道绿化建设导则》，该导则已于 2009 年 1 月开始实施。

4.5.1　上海市长风公园及其水体滨岸带背景简介

长风公园位于上海市中心城区(普陀区长风街道)，始建于 1957 年，面积 36.7 公顷，其中，水体(银锄湖)面积 14.1 公顷，绿地面积 10.2 公顷，水体面积占公园总面积的近 40%，不仅具有很强的径流调蓄功能(在设计重现期为 1a、1h 降雨强度为 35.5mm 的情况下，长风公园汇水区产流量为 6975m^3，银锄湖水体最大可调蓄容量达 151000m^3)，而且具有良好的生态和景观异质性。长风公园属大型综合性山水公园，主要景点有银锄湖和铁臂山以及长风海洋世界，2002 年被评为国家 4A 级旅游风景区。长风公园周围有居民区、学校和商业体等，常住人口及公园游客均较多，蚊虫血源丰富。

长风公园的银锄湖(包括西老河)是在苏州河附近的原河道及低洼地基础上改建而成，相对封闭，补水来自于园区的雨水径流，在涝期通过泵站(新师大排涝泵站)将多余的雨水向苏州河排放，因此，银锄湖的水位变化很小。银锄湖四周有睡莲池、荷花池、水禽池等滨岸带小型水体，它们是保障并丰富长风公园的景观多样性和生物多样性的重要载体，同时在控制水土流失和净化面源污染上也发挥着重要作用。

以长风公园的水禽池菖蒲坑(CPK)、铁臂山水池(TBS)和荷花池(HHC)等滨岸小型水体为研究对象(样地)，合称为长风公园滨岸带“三池”，采样点分布图及现场实景如图 4-22 所示。

图 4-22　上海市长风公园采样点分布图及现场实景

水禽池位于银锄湖的南部，原为养殖鸭、鹅等水禽并供游客观赏的水体，后因管理及污染等问题而停止水禽养殖。水禽池与银锄湖相连，其滨岸有 11 个面积较小且种植有菖蒲的小坑，每个坑面积从 $1m^2$ 到 $5m^2$ 不等，以下简称为菖蒲坑(CPK)。这些菖蒲坑以自然土为本底，坑上或有堆石，菖蒲是菖蒲坑的单优植物且密度较大，小型土坝将坑与水禽池分隔，坝顶高于水禽池常水位，加上菖蒲坑容积小、易干涸，导致鱼类难以从水禽池进入坑中且即使从水禽池进入坑中也不易存活。这些菖蒲坑从形态到结构和功能上，具有典型的自然或近自然滨岸带特征，在上海市中心城区的水体中难得一见。菖蒲坑周围或无树木遮挡或有垂柳、海滨木槿等乔木和灌木，光照条件因坑而异。在降雨量较大时，径流顺坡进入菖蒲坑导致坑中积水，积水时间、积水深度随季节和天气以及植物生长而异，每年的春雨期，因气温低、蒸发量少且菖蒲刚刚发芽，菖蒲坑内积水时间较长、积水深度较大。另外，由于这些菖蒲坑是以自然土为本底的，其积水时间、积水深度还与水位差(菖蒲坑与水禽池的水位差异)有关。

铁臂山水池(TBS)位于银锄湖东北部，为环形水池，池体与银锄湖隔绝(TBS 与银锄湖之间有金鱼垂钓区的阻隔)，成为一个完全封闭的小型水体。TBS 的池边有堆石和浆砌石块并形成不规则驳岸，驳岸以上是铁臂山的山体。降雨及其径流是 TBS 的唯一水源，水位恒定、水深较浅(约 30～40cm)、水面平静、波澜不惊，池内种有少量水生植物(岸边：香菇草；水中：萍蓬草)，并放养观赏鱼类。TBS 周围的植被覆盖率大，树木茂盛、浓荫蔽日，导致 TBS 的光照较弱，植物的枯枝落叶进入池中堆积，不规则的堆石和砌石驳岸易形成小面积积水并与池体的开阔水面分隔，鱼类难以进入，可能是雌蚊产卵选择地和蚊幼虫栖息地。

荷花池(HHC)位于银锄湖的西北部，与菖蒲坑和铁臂山水池相比，该荷花池的水面较大且与银锄湖连通，HHC 水深约 40～60cm，近自然驳岸(堆石)，池内种有大面积荷花等挺水植物，夏季荷花铺满池面。HHC 周围虽有乔木，但因水面较大，故水面的光照较强。

4.5.2　上海市长风公园滨岸带“三池”水环境监测与评价

监测结果表明，长风公园各样点的 DO、NH_4^+-N、TN、TP、BOD_5、COD_{Mn} 浓度平均值为 3.41mg/L、0.93mg/L、1.66mg/L、0.24mg/L、4.08mg/L 和 11.74mg/L。

从时间上看：CPK 在 6 月、8 月、9 月的 DO 浓度较低，TBS 和 HHC 在 6～9 月份的 DO 含量较低，这符合上海地区河湖水体 DO 浓度季节性变化的一般规律(高温季节耗氧强、复氧弱)；CPK、TBS、HHC 在 6～8 月份的 NH_4^+-N 浓度和 TN 浓度较高，可能与径流携带的污染有关(上海地区雨热同季的气候特点，银锄湖及其岸带的小型水体污染源主要是径流面源污染(外源)以及自身沉积物的累积和分解(内源)；CPK 的 TP 浓度在 9～11 月份较低，而 TBS 的 TP 浓度在 7 月份达到最高(0.56mg/L)，这也与"雨热同季"和"面源污染"相关，7 月份是上海地区的降雨集中期，特别是铁臂山的汇流面积大且径流携带的污染物多(包括不文明游客在游山时的随地大小便)；CPK 的 COD_{Mn} 浓度最高(3 月、8 月、9 月均超过 20.0mg/L)，其次是 TBS(10 月超过 20.0mg/L)，HHC 在 5 月份的 COD_{Mn} 浓度最高(11.36mg/L)，CPK 和 TBS 属于完全封闭的小型水体，其内源污染会释放出一定的有机污染(腐殖质)，HHC 是相对连通性水体，但会受到银锄湖浮游藻的输入(银锄湖处于轻度富营养状态，夏季在局部水域可形成藻华)，导致有机污染指标季节性升高。

从空间上看：CPK 的 DO 浓度最高，TBS 的 DO 浓度最低，这可能与 CPK 和 TBS 的光照条件、污染源及水生态有关，CKP 的光照条件相对较好，菖蒲生物量大且密度高，菖蒲的光合作用使 CPK 增氧作用较强，复氧＞耗氧的结果导致 DO 浓度相对较高，而 TBS 的光照条件极差、水生植物较少、池内累积了大量腐殖质，耗氧＞复氧的结果导致 DO 浓度相对较低。

采用模糊综合评价法[66]计算并评价长风公园三类滨岸带小型水体的水质状况，结果如表 4-16 所示。总体而言，长风公园三类滨岸带水体样点(CPK、TBS、HHC)的水质均为Ⅴ类水，其主要超标因子是 TN(按照地表水环境的湖库标准考核)、TP(按照地表水环境的湖库标准考核)和 COD_{Mn}。

表 4-16　上海市长风公园滨岸带"三池"水质模糊综合评价结果

样点	水质类别隶属度						水质等级 B_T	水质类别
	Ⅰ类	Ⅱ类	Ⅲ类	Ⅳ类	Ⅴ类	劣Ⅴ类		
CPK	0.0000	0.0276	0.2457	0.4358	0.0514	0.2395	4.1784	Ⅴ
TBS	0.0000	0.0000	0.0945	0.3407	0.3447	0.2201	4.7076	Ⅴ
HHC	0.0000	0.0402	0.1240	0.5773	0.2585	0.0000	4.1156	Ⅴ

4.5.3　上海市长风公园滨岸带"三池"幼虫种群密度与时空分布

在 2015～2016 年预研的基础上，我们重点选择 2017 年 4 月～5 月对长风公园三类滨岸带水体样点开展蚊幼虫采样和监测，结果如图 4-23 所示。

由图 4-23 分析可知，长风公园三类滨岸带水体样点在春末夏初均监测到蚊幼虫，且均为淡色库蚊，其中，菖蒲坑的蚊幼密度较大，可达 21.7 条/勺，蚊幼虫阳性率为 100%(按四次采样计)，铁臂山水池和荷花池仅在 5 月份发现少量蚊幼(阳性率为 25%)，蚊幼虫密度分别为 11.3 条/勺和 1 条/勺。

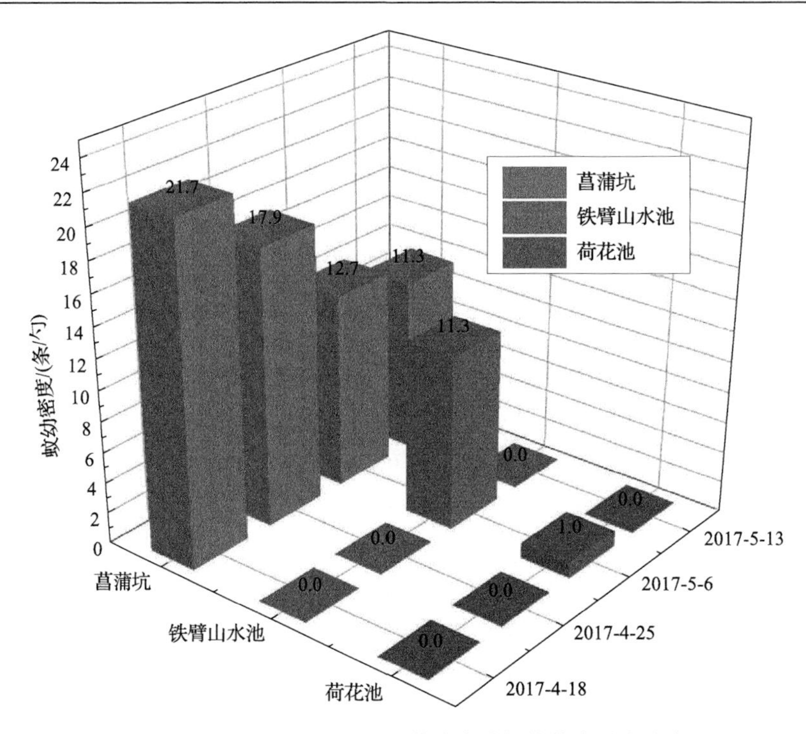

图 4-23　上海市长风公园水体滨岸带蚊幼孳生时空分布

4.5.4　上海市长风公园滨岸带“三池”蚊虫孳生的机制分析

蚊幼孳生需要适宜的温度，其密度消长受气温影响最为明显，温度过高或过低都不利于蚊幼的生长发育。植物种类及其密度对雌蚊产卵和蚊幼虫生长发育也有影响，并且，植物与蚊幼虫之间存在“季差”：某些蚊虫开始孳生时，有些植物尚未或刚刚发芽。滨岸小型水体中蚊幼虫的阳性率及勺密度还与这些小型水体的水质、水文、光照及天敌等有关，如水中腐殖质等有机物浓度较高、水位和水深较恒定、没有鱼、虾等天敌或天敌数量很少，则蚊幼虫出现的可能性就较大。

上海地区 3 月份的气温和水温均较低，蚊虫尚未进入繁殖期，故三类滨岸小型水体均未采集到蚊幼虫；到了 4 月中旬，此时的 CPK 蒸发量小、水位恒定、水面安静，平均水温上升到 15.2℃，且植物(菖蒲)刚刚发芽、覆盖率低(7.8%)、植株矮小(平均高度仅为 11.3cm)，加上初春光照弱、腐殖质累积(来自于上年秋冬季的植物残体)和缺乏鱼类捕食，既有利于雌蚊产卵，又为蚊幼虫的生长发育提供了良好的条件，包括：“水”(恒定的水位和安静的水面)、“温”(适宜的温度)、“敌”(缺少鱼、虾等天敌制约或天敌制约不力)、“食”(腐殖质等食源物质较丰富)、“光”(较弱的光照)。但随着时间推移，CPK 内的菖蒲覆盖率越来越大且植株越来越高，形成了明显的郁闭环境，这一方面阻碍了雌蚊产卵，而且水分蒸发和植物蒸腾作用加强，使得 CPK 中积水越来越少，导致蚊幼虫逐月减少，直至消失。TBS 在“温”“水”“食”“光”的条件上与 CPK 比较相似，但 TBS 在“敌”上有较大不同，TBS 池中放养有鱼类且能长期存活，而 CPK 中无法放养鱼类且即使放养也无法存活(体量太小且积水不稳定)，因此，TBS 虽然可孳生蚊幼虫，但阳性率和勺密度明显低于 CPK。HHC 在“温”(气温和水温)条件上与 CPK 和 TBS 是相似的，但在“水”“光”“食”“敌”条件上是有较大差异的，HHC 属于连通性水体，且水面较大、光照较强、鱼类较多，导致蚊幼虫不易生存，蚊幼密度仅为 1 条/勺，勺指数仅为 3%。

虽然蚊幼虫在长风公园滨岸带三类小型水体中出现的时间较短，仅 1 个月左右，但 CPK 和 TBS 的蚊幼阳性率和勺密度均较高，未达到国家卫生城市灭蚊考核标准，加上长风公园周边居民众多、公园内游客聚集，有一定的蚊害风险，需要重点关注和及时解决[67]。

4.6　活水公园及其与蚊虫孳生的关系

顾名思义，活水公园即为流水的公园，以流动的水为主体元素体现其生态环境价值和景观娱乐功能。

近年来，我国很多城市建设了活水公园，其中，成都市府河活水公园是比较典型的例子。

成都市府河活水公园始建于 1997 年，总占地面积为 2.4 公顷，公园平面形态呈“鱼”形，象征自然生态的活力与健康，也成了该公园的设计亮点。公园抽取府河河水(300 吨/日)，经生化处理池、植物塘床以及养鱼塘等逐级跌落和净化，最终清水回到府河，形成了涓涓细流与激情跌宕相济、植物和动物共生、净污与生态一体的活水景致，演绎了水由“死”(无生命的死水、污水)变“活”(有生命的流水、清水)的生命过程。水生植物塘床是成都府河活水公园的功能核心，主要起到水处理功能，由 6 个植物塘、12 个植物床(浮床)组成，污染的府河河水在植物塘床系统中通过沉淀、吸附、分解、吸收等作用，达到净化。同时，这些植物塘床的外形好似一片片鱼鳞，呼应了公园的“活水”和“生态”设计理念。

4.6.1　上海市梦清园及其活水生态系统背景简介

梦清园(图 4-24)位于上海市中心城区，苏州河南侧，是一个通过旧区改造而新建的生态环境综合体，也是集环保教育和休闲娱乐为一体的大型亲水公园，园内包括景观水系统、绿地、地下合流污水调蓄池等。其中，景观水系统及其配建的梦清馆是上海市苏州河水环境综合整治的展示平台。

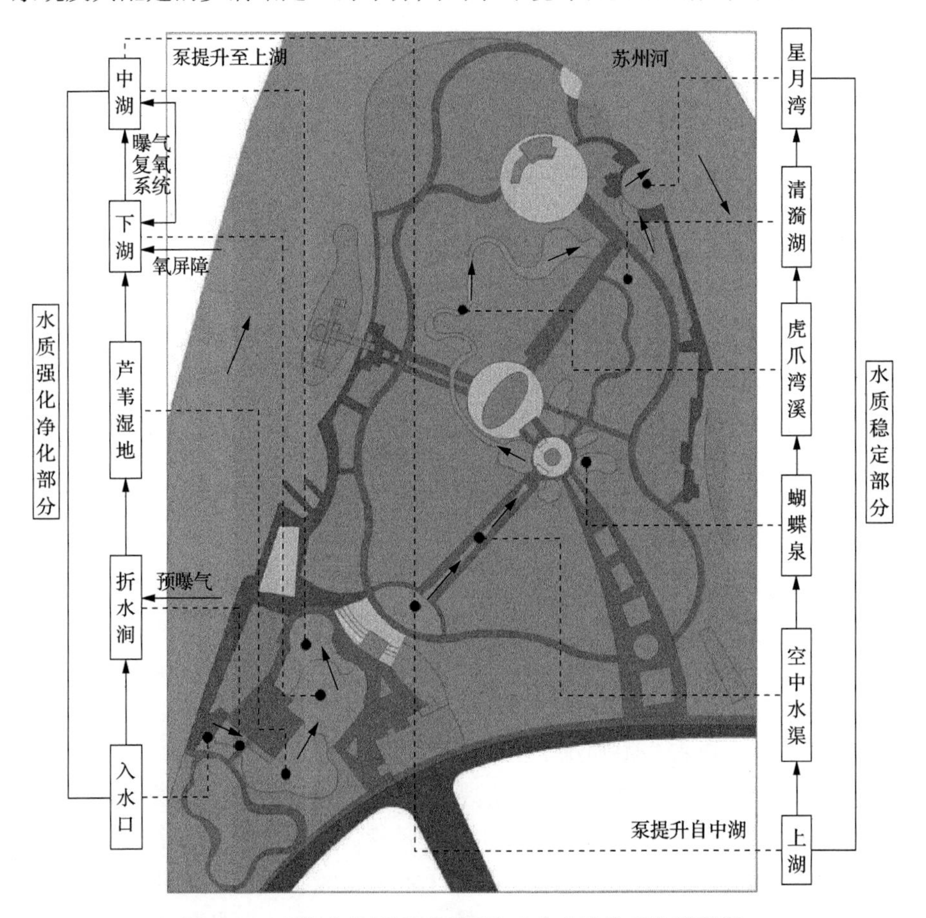

图 4-24　上海市梦清园平面图和水生态净化系统流程图

苏州河自西向东在上海市穿城而过，在上海境内长约 53 千米，属于感潮性河流(东海潮汐经由长江口、黄浦江影响苏州河)，潮型为非正规浅海半日潮型。苏州河纵坡小、流速慢，河水置换一次约需 10 天时间。

苏州河见证了上海近百年来的发展，河道两岸人口密集、建筑林立、工厂集聚、百舸争流。在高负荷纳污、生态破坏和治理相对滞后的条件下，苏州河水环境恶化和水生态退化曾经十分严重。

早在 20 世纪 20 年代，苏州河就开始被污染。至 20 世纪 70 年代末，苏州河的上海市区段鱼、虾基本绝迹，河水严重黑臭。

为了治理苏州河黑臭和提升上海市的市容形象，从 20 世纪 80 年代中后期开始，上海市持续开展了苏州河水环境整治，主要实施了如下措施：①截污纳管和支流建闸，特别是截流苏州河沿岸合流污水及初期污染径流的截流和纳管，最大限度地降低了苏州河的外源污染负荷，具体措施包括合流污水的截流干管以及调蓄池；②底泥疏浚，苏州河的上海市区段河床表层流动的黑臭浮泥层厚约 0.2～0.3m，底泥最大沉积厚度达 3m 以上，底泥中有机物和重金属含量高，易受水流和航运影响而释放到上覆水中，增加了河水的污染物浓度并加大了河水的耗氧量、加剧河道黑臭，通过底泥疏浚，削减了苏州河的内源污染负荷；③控制航运污染，从 2002 年开始，苏州河的上海市区段禁止货船运输，仅保留水上执法、保洁等少量船只的航行；④拆除沿河的环卫码头(包括倒粪站)；⑤对沿河地块进行转型改造，包括工厂的关停并转以及新建生态廊道；⑥将原先的升降闸改为翻板闸，利用翻板闸、潮涨潮落以及上游来水，将苏州河水流从往复流转变为单向流，再通过增加翻板闸前后的水位落差，改善了河道水动力、缩短了河水的置换周期，加大了河流的泾污比、增强了河道的自净能力；⑦对苏州河上游漂浮而来的垃圾(包括水葫芦等水生植物)进行分级拦截和打捞，以保障其下游市区段的水面景观；⑧建设深层隧道，进一步提高截污和控涝效果。经过 30 年的综合治理，苏州河的水环境和水生态得到明显改善，不仅基本消除黑臭(近Ⅴ类)，而且鱼类和水鸟也越来越多。

在梦清园的西南侧，苏州河河水经过泵提升(原设计流量为 50m^3/h，实际进水流量为 100m^3/h，相当于 HRT 为 10h)[68,69]，依次进入景观水系统的折水涧、芦苇湿地、下湖、中湖、上湖、空中水渠、蝴蝶泉、虎爪湾溪、清漪湖和星月湾等单元，其中，折水涧、芦苇湿地、下湖、中湖合并称为水质强化净化部分，上湖、空中水渠、蝴蝶泉、虎爪湾溪、清漪湖和星月湾合并称为水质稳定部分。经过景观水系统净化后的出水在园区东北角返回到苏州河。

梦清园景观水系统的折水涧设置了 6 级跌水，模拟了自然界淙淙流水的景观，既能为游客提供听音、观景的体验，也能为水体增氧。湿地是梦清园景观水系统的核心净化单元，植物以芦苇为主、茭草为辅，对进水中污染物具有沉淀、过滤、吸附、吸收、分解等净化功能。下湖设置在湿地之后，下湖的进水处(湿地出水槽)设有氧屏障区(太阳能曝气),以便提高下湖水中 DO 含量和促进有机物氧化与氨氮硝化，湖中有水生动物和水生植物(睡莲、窄叶香蒲、伊乐藻)；上湖和中湖有水生动物和水生植物(荷花及苦草)，在进一步净化和稳定水质的同时，可提升景观功能；空中水渠位于上湖之后，其来水经过了水泵的二级提升，水渠向东北方向逐渐倾斜并形成较大坡度，水渠底部铺砌有翘角的瓷砖(貌似片片鱼鳞)，以便增强水流的动感和充氧功能；蝴蝶泉承接空中水渠的来水，合计有 4 个，组合形态类似于蝴蝶的两对翅膀，增强游客对大自然的记忆和联想，每个蝴蝶泉内配有景观喷泉，既可提高观赏质量，又可为水体进一步充氧，蝴蝶泉中放养观赏性鱼类(锦鲤)；星月湾是梦清园景观水系统的出水台地，紧靠苏州河河岸，当苏州河涨潮或行船经过时河水易倒灌进入，当苏州河退潮或风平浪静时，星月湾水流沿台地逐级跌落并汇入苏州河。

梦清园景观水系统模仿了自然水生态系统的格局与功能，体现了动静结合、水绿交融等水生态公园的特质和要素，综合了污染净化、生态修复、观赏娱乐、科普教育等功能。另外，梦清园景观水系统在建设时还考虑了工程应用的特别要求，如采用夯土和铺设防渗膜来防控二次污染并保证系统中水位的相对恒定，对湿地和水体的进出水均设置了导流和整流措施，以便提高系统的净污效果。上海市梦清园景观水系统湿地和下湖的主要设计参数见表 4-17。

表 4-17　上海市梦清园景观水系统湿地和下湖的主要设计参数

	湿地	下湖
水体面积/m^2	800	1905
最终水深/m	0.8	1.1
底泥厚度/m	0.9	0.3
停留时间/h	12.8	41.91
植物面积/m^2	795	900

以折水涧(ZSJ)、湿地(LWSD)、湿地出水槽(DSBC)、下湖(XH)、蝴蝶泉(HDQ)和星月湾(XYW)作为研究对象(合计 6 个样点)，于 2017 年 3 月～10 月对梦清园景观水系统开展了水质和蚊幼虫采样监测。

4.6.2　上海市梦清园活水生态系统水环境监测与评价

梦清园景观水系统 6 个样点的 DO 浓度、NH_4^+-N 浓度、TN 浓度、TP 浓度、BOD_5 浓度和 COD_{Mn} 浓度平均值为 7.47mg/L、0.79mg/L、2.16mg/L、

0.35mg/L、2.92mg/L 和 12.11mg/L，总体上呈现“高氧、强硝化、低碳”的特点。

从时间上看：春季 DO 浓度较高，而夏季较低，符合上海地区河水 DO 浓度变化的一般特征(复氧功能与温度成反比)；春季 NH_4^+-N 和 TN 浓度较高，而夏秋季较低，可能与氨氮硝化及植物净化有关；春季 TP 浓度最低，而夏季最高，可能与雨季和旱季的径流污染差异有关；夏季(5 月～8 月)COD_{Mn} 和 BOD_5 浓度较高，其他月份浓度变化较为平缓，可能与水体中浮游藻密度有关。从空间上看，下湖(XH)和星月湾(XYW)的 DO 浓度较高，可能与下湖的曝气机以及星月湾的分级跌水增氧有关；折水涧(ZSJ)和星月湾(XYW)的 NH_4^+-N 和 TN 浓度较高，这是由于折水涧位于梦清园景观水系统的进水处，而星月湾易受苏州河水倒灌的影响；湿地的出水槽(DSBC)以及下湖的 NH_4^+-N、TN、TP、BOD_5、COD_{Mn} 浓度均较低，说明水生态系统具有良好的净污功能。

梦清园景观水系统 6 个样点的水质模糊综合评价结果为Ⅳ～劣Ⅴ类(表 4-18)，TN 是主要超标因子(按湖库水环境质量标准评价)，其中，折水涧(ZSJ)、湿地(LWSD)以及蝴蝶泉(HDQ)水质均为Ⅴ类，湿地出水槽(DSBC)和下湖(XH)水质为Ⅳ类，而星月湾(XYW)水质最差，为劣Ⅴ类，这样的变化趋势既符合常规(水质在梦清园景观水系统中逐级改善)，但也有异常：星月湾(XYW)水质为劣Ⅴ类不能表示梦清园景观水系统的净污功能弱化，而是因为星月湾(XYW)易受苏州河水倒灌的影响，并且，星月湾(XYW)台地内水很浅且光照充分，导致水绵(水青苔)较多，加上因苏州河水倒灌上来的鱼、虾在星月湾(XYW)台地中死亡，最终导致星月湾(XYW)水质周期性恶化。

表 4-18　上海市梦清园样点水质模糊综合评价结果

样点	水质类别隶属度						水质等级 B_T	水质类别
	Ⅰ类	Ⅱ类	Ⅲ类	Ⅳ类	Ⅴ类	劣Ⅴ类		
ZSJ	0.0000	0.0640	0.2637	0.1570	0.2186	0.2967	4.6243	Ⅴ
LWSD	0.0000	0.0300	0.3182	0.0737	0.1300	0.4481	4.9697	Ⅴ
DSBC	0.0000	0.0779	0.2850	0.3887	0.2483	0.0000	3.8943	Ⅳ
XH	0.1914	0.0723	0.1015	0.5217	0.1131	0.0000	3.6504	Ⅳ
HDQ	0.1893	0.0456	0.1174	0.3434	0.0008	0.3034	4.2238	Ⅴ
XYW	0.1759	0.0000	0.1156	0.0765	0.0058	0.6261	5.5327	劣Ⅴ

注：虽然梦清园景观水系统是苏州河水环境综合整治的展示平台，但由于是景观水类型，且下湖、中湖和上湖的水体形态类似湖库，较易发生浮游藻过度孳生问题，故将 TN 浓度纳入到水质评价指标。

4.6.3　上海市梦清园活水生态系统幼虫种群密度与时空分布

2017 年 3 月～10 月期间，未从梦清园景观水系统 6 个样点中采集和监测到蚊幼虫。

4.7　绿地沟渠及其与蚊虫孳生的关系

4.7.1　上海市外环绿带及其西段雨水沟渠背景简介

上海市外环高速(编号为沪高速 S-20)从 1998 年开始建设并历时十年建成，全程 99 千米，途经上海市的宝山、嘉定、普陀、长宁、闵行、徐汇、浦东等七区，是上海市的四大交通环线(内环、中环、外环、郊环)之一，也是上海市城与郊的分界线，对分流上海城市交通和过境车辆(特别是货车)起到了重要作用[70]。

上海市外环绿带系统(图 4-25)沿外环高速建立，是上海市“三地”(绿地、林地、湿地)生态系统的重要组成，在隔音降噪、涵养水源、固持土壤、净化污染、固碳释氧、调节温度、生态保育以及游憩休闲等方面发挥着重要功能。

图 4-25　上海市外环绿带空间分布及其西段雨水沟渠设施实景

上海市外环绿带位于城郊接合部且面积大、分布广，管理上有一定难度，周边环境较为复杂(居住、生产、物流和生态等的复合)，局部区域存在较严重的污水排放和垃圾堆积及违规生产，造成外环绿带内排水沟渠和水体污染。

外环西段绿地雨水沟渠位于上海市普陀区与嘉定区交界处，其本底为硬质结构(沟渠及窨井均由混凝土浇筑或砌筑而成)，位于绿带树林中，雨水沟渠和雨水井中堆积了大量植物的枯枝落叶以及多种垃圾(塑料盒、被子)，易造成堵塞和积水，雨水沟渠附近有环卫车停车场，其洗车污水直接排放进入沟渠，导致外环西段绿地雨水沟渠污染严重，成为蚊虫孳生的重要场所。

2017 年 5 月～9 月对上海市外环西段绿地雨水沟渠开展水质和蚊幼虫采样监测，采样点分别为两处排水明渠(PSMQ-1、PSMQ-2)和雨水井(YSJ)。

4.7.2　上海市外环西段绿地雨水沟渠水环境分析与评价

上海市外环西段绿地雨水沟渠系统的各样点积水 DO、NH_4^+-N、TN、TP、BOD_5、COD_{Mn} 平均浓度分别为 1.01mg/L、3.67mg/L、4.75mg/L、0.67mg/L、15.26mg/L、17.80mg/L，均劣于地表水Ⅴ类标准，呈现低氧(DO)、高氮(NH_4^+-N)的水质特点，是有利于蚊虫特别是库蚊孳生的水质类型。从时间上看，2017 年 7 月和 9 月的 DO 浓度较低，均低于 0.50mg/L，11 月 DO 浓度较高，但也仅为 1.51mg/L；NH_4^+-N 浓度仅在 2017 年 4 月份低于 2.00mg/L，其他月份均较高；TN 浓度在 2017 年 4 月份最低，但高于 2.00mg/L；TP 浓度在 2017 年 7 月份最高，达 2.20mg/L；BOD_5 浓度在 2017 年 9 月份高达 28.00mg/L，4 月份最低，仅 3.99mg/L；COD_{Mn} 浓度在 2017 年 10 月和 11 月较低，但也有 13.03mg/L，6 月份高达 26.19mg/L。从空间上看，雨水井的 DO 浓度最低，而 2#雨水明渠样点(PSMQ-2)处的 NH_4^+-N、TN、TP、BOD_5、COD_{Mn} 浓度均极高，水质最差。

上海市外环西段绿地雨水沟渠系统的水质模糊综合评价结果如表 4-19。由表 4-19 可知，外环西段绿地雨水沟渠系统三个样点的水质均为劣Ⅴ类水，且氮磷浓度严重超标，其中，雨水井为长期性积水，其内积累了较多枯枝落叶及其分解物，1#排水明渠(PSMQ-1)为半长期性积水，渠内堵塞有大量枯枝落叶、多种垃圾及其分解物，2#排水明渠(PSMQ-2)为长期性积水，渠内不仅有枯枝落叶和多种垃圾，而且受纳了大量高浓度的环卫车洗车污水，是水质最差的样点。

表 4-19　上海市外环西段绿地雨水沟渠水质模糊综合评价结果

区域	样点	水质类别隶属度						水质等级 B_T	水质类别
		Ⅰ类	Ⅱ类	Ⅲ类	Ⅳ类	Ⅴ类	劣Ⅴ类		
外环绿带	PSMQ-1	0.0000	0.0000	0.0000	0.0000	0.0663	0.9337	5.9950	劣Ⅴ
	YSJ	0.0000	0.0000	0.0000	0.0759	0.2185	0.7056	5.8925	劣Ⅴ
	PSMQ-2	0.0000	0.0000	0.0000	0.0000	0.0000	1.0000	6.0000	劣Ⅴ

4.7.3　上海市外环西段绿地雨水沟渠幼虫种群密度与时空分布

如图 4-26 所示，上海市外环西段绿地雨水沟渠和雨水井在 2017 年 5 月初开始有蚊幼孳生，蚊种主要为淡色库蚊(占比 99.3%)，少量为骚扰阿蚊(占比 0.7%)。2017 年 9 月上海开始降温且降雨减少，外环西段绿地雨水沟渠系统中蚊幼消失。三个样点中，2#排水明渠(PSMQ-2)的蚊幼密度较大，2017 年 6 月高达 157.6 条/勺，7 月份为 40.2～92.5 条/勺，2017 年 5 月份 1#排水明渠(PSMQ-1)和雨水井(YSJ)的蚊幼密度为 7.9 条/勺和 67.4 条/勺。

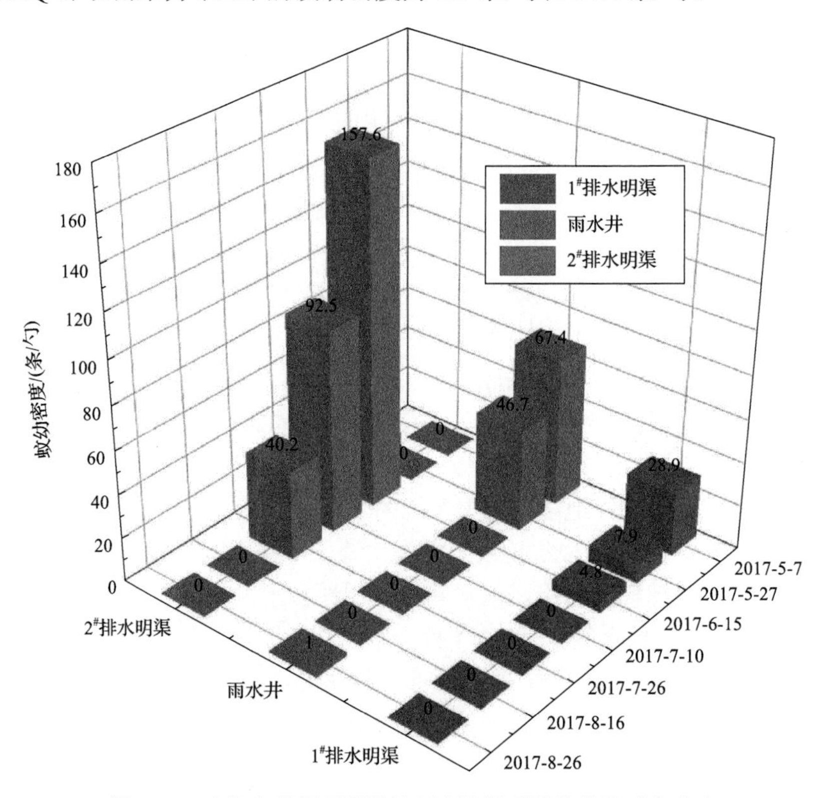

图 4-26　上海市外环西段绿地雨水沟渠系统的蚊幼时空分布

以上研究结果表明，上海市外环西段绿地雨水沟渠系统的蚊幼孳生较严重，应重点防制。

参考文献

[1] 陶康华, 周国棋, 倪军. 运用城市发展生态理论创建城市水-绿生态体系[C]. 中国风景园林学会第四次全国会员代表大会论文选集(下册). 北京: 中国建筑工业出版社, 2008: 97-100.

[2] 杨斌, 童宇飞, 王佳祥, 等. 低影响开发下的新区水绿生态规划方法与实践——以广西北部湾龙港新区总体规划为例[J]. 规划师, 2016, 32(8): 57-63.

[3] 朱江, 刘洪霞, 刘曜, 等. 上海地区 2010～2016 年蚊虫监测结果分析[J]. 上海预防医学, 2018, 30(8): 635-639.

[4] 王飞, 高强, 吕锡宏, 等. 上海市 2017 年地面排水系统蚊虫孳生状况调查研究[J]. 中国媒介生物学及控制杂志, 2018, 29(3): 259-262.

[5] 高强, 周毅彬, 曹晖, 等. 住区与绿地环境成蚊侵害状况及公共卫生影响分析[J]. 中华卫生杀虫药械, 2016, 22(1): 40-45.

[6] 车巧慧. 地下水动力学条件对地下水源热泵系统的约束研究[D]. 合肥: 合肥工业大学, 2015.

[7] 黄高平, 王甲生, 程东兵, 等. 基于城市暴雨内涝等气象服务对策研究——以海绵城市建设试点城市池州为例[J]. 科技与创新, 2017, 19: 1-5.

[8] 黄高平, 殷伟伟, 张明明. 基于大气污染预测模型的气象参数分析与应用[J]. 绿色科技, 2017(10): 56-59.

[9] 王晓军, 张彦平, 张荣珍, 等. 中国1998～2002年流行性乙型脑炎流行趋势分析[J]. 中国计划免疫, 2004, 10(4): 215-217.

[10] 金权, 陈节, 靳刚, 等. 安徽长江沿岸地区三带喙库蚊的抗性调查[J]. 中华卫生杀虫药械, 2016, 22(3): 244-245.

[11] 胡林凤, 吴瑕, 许述海, 等. 2015～2016 年合肥口岸输入性疟疾疫情监测分析[J]. 中国国境卫生检疫杂志, 2017, 40(6): 425-427.

[12] Ostfeld R S, Keesing F. The function of biodiversity in the ecology of vector-borne zoonotic disease [J]. Canadian Journal of Zoology, 2000, 78: 2061-2078.

[13] Sérandour J, Willison J, Thuiller W, et al. Environmental drivers for Coquillettidia mosquito habitat selection: A method to highlight key field factors [J]. Hydrobiologia, 2010, 652(1): 377-388.

[14] Gardner A M, Anderson T K, Hamer G L, et al. Terrestrial vegetation and aquatic chemistry influence larval mosquito abundance in catch basins, Chicago, USA[J]. Parasites & Vectors, 2013, 6(1): 1-11.

[15] Soleimani A M, Vatandoost H, Zare M. Characterization of larval habitats for anopheline mosquitoes in a malarious area under elimination program in the southeast of Iran [J]. Asian Pacific Journal of Tropical Biomedicine, 2014, 4(z1): S73-S80.

[16] Leisnham P T, Slaney D P, Lester P J, et al. Increased larval mosquito densities from modified landuses in the Kapiti region, New Zealand: Vegetation, water quality, and predators as associated environmental factors[J]. EcoHealth, 2005, 2(4): 313-322.

[17] Vanlalruia K, Senthikumar N, Gurusubramanian G. Diversity and abundance of mosquito species in relation to their larval habitats in Mizoram, North Eastern Himalayan region [J]. Acta Tropica, 2014, 137(3): 1-18.

[18] Bellini R, Puggioli A, Balestrino F, et al. Sugar administration to newly emerged *Aedes albopictus* males increases their survival probability and mating performance [J]. Acta Tropica, 2014, 132: S116-S123.

[19] Knight R L, Walton W E, O'Meara G F, et al. Strategies for effective mosquito control in constructed treatment wetlands[J]. Ecological Engineering, 2003, 21(4-5): 211-232.

[20] Smith K E. Characterization of pH and ion regulatory proteins in larval mosquitoes [D]. Florida: University of Florida, 2009.

[21] 陆昕渝, 肖冰, 黄民生, 等. 上海东区水质净化厂尾水湿地池水质与蚊幼孳生分析[J]. 华东师范大学学报(自然科学版), 2018(6): 122-130.

[22] 冯之浚. 科学发展与生态文明[J]. 中国软科学, 2008(8): 1-10.

[23] 黄勤, 曾元, 江琴. 中国推进生态文明建设的研究进展[J]. 中国人口, 资源与环境, 2015(2): 111-120.

[24] 谷树忠, 胡咏君, 周洪. 生态文明建设的科学内涵与基本路径[J]. 资源科学, 2013(1): 2-13.

[25] 刘芳, 苗旺. 水生态文明建设系统要素的体系模型构建研究[J]. 中国人口, 资源与环境, 2016(5): 117-122.

[26] 颜京松, 王美珍. 城市水环境问题的生态实质[J]. 现代城市研究, 2005(4): 6-10.

[27] 孙艳伟, 王文川, 魏晓妹, 等. 城市化生态水文效应[J]. 水科学进展, 2012(4): 569-574.

[28] 李博. 上海高度城市化地区土地利用变化对雨水径流影响的研究[D]. 上海: 华东师范大学, 2008.

[29] 郎晓霆. 沣西新城海绵城市建设中居住小区雨水花园设计与营建研究[D]. 西安: 西安建筑科技大学, 2017.

[30] 朴希桐. 下垫面变化对城市内涝的影响研究[D]. 北京: 中国水利水电科学研究院, 2015.

[31] 刘洪彪, 武伟亚. 城市污水资源化与水资源循环利用研究[J]. 现代城市研究, 2013(1): 117-120.

[32] 高峰. 哈尔滨城市内涝灾害治理的规划对策研究[D]. 哈尔滨: 哈尔滨工业大学, 2015.

[33] 周勤. 海绵城市技术导向下的悦来生态城控规层面规划策略研究[D]. 重庆: 重庆大学, 2015.

[34] 车伍, 赵杨, 李俊奇. 海绵城市建设热潮下的冷思考[J]. 南方建筑, 2015(4): 104-107.

[35] 陈华. 关于推进海绵城市建设若干问题的探析[J]. 净水技术, 2016(1): 102-106.

[36] 李强. 低影响开发理论与方法述评[J]. 城市发展研究, 2013(6): 30-35.

[37] 车伍, 赵杨, 李俊奇, 等. 海绵城市建设指南解读之基本概念与综合目标[J]. 中国给水排水, 2015(8): 1-5.

[38] Pineles B A. Cost-benefit analysis and the federal water pollution control act amendments of 1972: A proposal for congressional action[J]. Iowa Law Review, 1982, 67(5): 1057-1079.

[39] Dietz M E. Low impact development practices: A review of current research and recommendations for future directions[J]. Water Air and Soil Pollution, 2007, 186(1-4): 351-363.

[40] USEPA. 2000 National water quality inventory: Report to congress[M]. Washington DC: Office of Water, 2002.

[41] 姚辉彬, 徐友全, 陈斌. 海绵城市研究动态及热点分析[J]. 建筑经济, 2017(10): 21-26.

[42] 柯善北. 破解“城中看海”的良方——《海绵城市建设技术指南》解读[J]. 中华建设, 2015(1): 22-25.

[43] Li W, Zhang Y, Liu Z, et al. Outline for establishment of the Taihu-lake basin early warning system[J]. Ecotoxicology, 2009, 18(6): 768-771.

[44] 吴丹洁, 詹圣泽, 李友华, 等. 中国特色海绵城市的新兴趋势与实践研究[J]. 中国软科学, 2016(1): 79-97.

[45] 贺英, 贺斌. 城区水文循环机制与改善策略分析[J]. 水利科技与经济, 2013(9): 14-15.

[46] 廖朝轩, 高爱国, 黄恩浩. 国外雨水管理对我国海绵城市建设的启示[J]. 水资源保护, 2016(1): 42-45.

[47] 张园, 于冰沁, 车生泉. 绿色基础设施和低冲击开发的比较及融合[J]. 中国园林, 2014(3): 49-53.

[48] Mathey J, Roessler S, Banse J, et al. Brownfields as an element of green infrastructure for implementing ecosystem services into urban areas[J]. Journal of Urban Planning and Development, 2015(3): 1-13.

[49] 李昌志, 程晓陶. 日本鹤见川流域综合治水历程的启示[J]. 中国水利, 2012(3): 61-64.

[50] 赖文波, 蒋璐, 彭坤焘. 培育城市的海绵细胞——以日本城市"雨庭"为例[J]. 中国园林, 2017(1): 66-71.

[51] 车伍, 闫攀, 赵杨, 等. 国际现代雨洪管理体系的发展及剖析[J]. 中国给水排水, 2014(18): 45-51.

[52] 赵迎春, 刘慧敏. 城市雨洪及其管理体系[J]. 中国三峡, 2012(7): 28-33.

[53] 束方勇, 李云燕, 张恒坤. 海绵城市:国际雨洪管理体系与国内建设实践的总结与反思[J]. 建筑与文化, 2016(1): 94-95.

[54] 王岱霞, 陈前虎, 钱爱华. 我国海绵城市建设的困境及建议：基于国际比较的研究[J]. 浙江工业大学学报(社会科学版), 2017(2): 176-182.

[55] 黎靖. 我国城市雨水排放费制度的设计研究[D]. 广州：华南理工大学, 2011.

[56] Brown R R, Farrelly M A, Loorbach D A. Actors working the institutions in sustainability transitions: The case of Melbourne's stormwater management[J]. Global Environmental Change-Human and Policy Dimensions, 2013, 23(4): 701-718.

[57] Melbourne Water Authority. Water sensitive urban design engineering procedures: Stormwater[S]. 2005.

[58] 刘颂, 李春晖. 澳大利亚水敏性城市转型历程及其启示[J]. 风景园林, 2016(6): 104-111.

[59] 李俊奇, 李小静, 王文亮, 等. 美国雨水径流控制技术导则讨论及其借鉴[J]. 水资源保护, 2017, 33(2): 6-12.

[60] 马海良, 王若梅, 訾永成. 海绵城市的特征解读和建设路径研究[J]. 科技管理研究, 2016(22): 184-189.

[61] 车生泉, 谢长坤, 陈丹, 等. 海绵城市理论与技术发展沿革及构建途径[J]. 中国园林, 2015(6): 11-15.

[62] 李俊奇, 张毅, 王文亮. 海绵城市与城市雨水管理相关概念与内涵的探讨[J]. 建设科技, 2016(1): 30-31.

[63] 中华人民共和国住房城乡建设部. 关于印发《海绵城市建设技术指南——低影响开发雨水系统构建(试行)》的通知(城建函[2014]275 号)[S]. 2014: 10-22.

[64] 孙斌, 李艳丽. "海绵体"建设初探——以池州一中为例[C]. 2016 中国城市规划年会论文集(07 城市生态规划). 北京：中国建筑工业出版社, 2016.

[65] 肖冰, 杨银川, 陆昕渝, 等. 海绵城市中海绵体的蚊幼孳生现状及成因分析——以池州市为例[J]. 华东师范大学学报(自然科学版), 2018, 6: 105-112.

[66] 杨静. 改进的模糊综合评价法在水质评价中的应用[D]. 重庆：重庆大学, 2014.

[67] 肖冰, 陆昕渝, 黄民生, 等. 城市水绿复合系统的蚊虫孳生现状及机制分析——以上海市长风公园水体滨岸带和外环西段绿地排水系统为例[J]. 华东师范大学学报(自然科学版), 2018, 6: 113-121.

[68] 徐亚同, 何国富, 黄民生, 等. 梦清园景观水体生态净化系统示范工程研究[J]. 华东师范大学学报(自然科学版), 2006(6): 84-90.

[69] 李丹, 李小平, 孙从军, 等. 人工湿地与生态景观组合系统在梦清园活水公园中的实践[C]. 中国环境科学学会学术年会优秀论文集(2008). 北京: 中国环境科学出版社, 2008.

[70] 范昕婷, 郭雪艳, 方燕辉, 等. 上海市环城绿带生态系统服务价值评估[J]. 城市环境与城市生态, 2013, 26(5): 1-5.

第 5 章　城市水环境及其治理与蚊害控制的关系：模型计算

5.1　引　　言

影响蚊幼虫孳生的水环境因子众多，影响机制十分复杂并且易随着环境的改变而改变。

决策树是一种基本的分类与回归方法，常用于评价决策风险并实现科学决策。当决策树用于分类时称为分类树，当决策树用于回归时称为回归树。

如下采用分类树模型和回归树模型对城市水环境及其治理与蚊幼虫孳生的关系进行计算和分析。

5.2　分类树模型构建及其计算

模型生成过程：将数据导入软件后，首先需要对数据进行预处理，包括特征选择和特征值归一化，然后通过选择算法、调整参数，生成模型后，对模型结果进行验证。

数据预处理：选择 unsupervised-＞attribute 下面的 Normalize，使用默认参数，点击 ok，回到主窗口，然后选择要归一化的特征，特征值被归一到 0 和 1 之间。

分类：打开 Classify 选项卡，点击 Choose 按钮，可以看到分类器，选择 trees 下的 J48。

评价分析和预测效果的评价方法有 Use training set、Supplied test set、Cross-validation 和 Percentage split，使用的是 Cross-validation（交叉验证）。

通过 WEKA 中的分类功能对数据进行分类分析，WEKA 存储数据采用的是 ARFF（attribute-relation file format），因此首先需要将数据整理成 ARFF 格式，共 10 个变量然后在 WEKA 中使用 Classify 选项中的 J48 进行计算，得到如图 5-1 的分类树，该分类树有 12 片叶子，共 20 个分支。

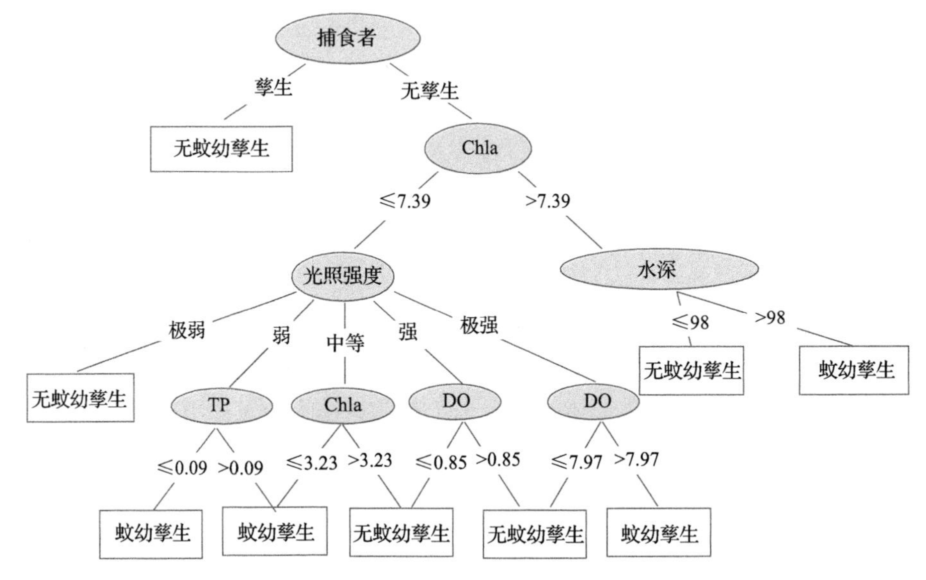

图 5-1　预测城市水环境及其治理的蚊幼虫孳生效应的分类树模型

该模型构建及计算基于长期性和半长期性积水条件。

分类树模型的分析与预测结果表明：

(1) 以天敌(捕食者，predator)有无作为模型的树根，天敌有无是影响蚊幼虫的最重要因素。有天敌存在时，无蚊幼虫孳生或蚊幼虫生存极难，该结果与 Mereta 等[1]得出的分类树结果相似，但 Mereta 等的分类树模型以积水的持久性作为模型的树根，在暂时性和半长期性积水中有蚊幼虫孳生，而在长期性积水中需要依赖其天敌和竞争者的有无来判断是否有蚊幼虫孳生。若有天敌，则无蚊幼虫；若无天敌，则需要结合其他因素一同确定是否有蚊幼虫，如水质、光强等。

(2) 叶绿素 a 浓度(Chla)、光照(light)、水深(water depth，WD)、总磷浓度(TP)、溶解氧浓度(DO)等也是影响蚊幼虫分布的主要变量。当叶绿素 a 浓度大于 7.39μg/L 且水深大于 98cm 时，可能有蚊幼虫孳生，否则无蚊幼虫孳生。叶绿素 a 浓度的高低反映水中浮游藻生物量多少，叶绿素 a 浓度越高，则水中浮游藻越多，蚊幼虫的食源物质也越多，且在水深大、水色深的条件下，对雌蚊产卵有引诱作用[2]。但也有研究表明，小于 0.2m 水深的湿地中蚊幼虫密度更高($P<0.005$)[3]，这可能与湿地积水中鱼类少且含有较多腐殖质有关。当 Chla 浓度小于等于 7.39μg/L 时，需结合其他因素(光照强度、溶解氧浓度、叶绿素浓度及总磷浓度)来判断有无蚊幼虫，如光照较强且表层水溶解

氧浓度低于 0.85mg/L 时，可能有蚊幼虫孳生。

该模型的 Correctly classified instances=93.8%，Kappa statistic=0.667，表明该模型对城市水环境及其治理系统中蚊幼虫有较好的预测性能，可预测城市水环境系统中蚊幼虫孳生的可能性及其风险水平，以便及时采取防控措施。

5.3　回归树模型构建及其计算

通过 WEKA 中线性回归功能对水质和非水质因素与蚊幼虫密度进行线性回归分析，得到的回归方程 LM 为：Larval density=2.8661*NH_4^+-N–1.9249*TN+2.3532*BOD_5–0.0826*Chla+0.1311*Water Depth–8.6917，相关系数为 0.585，表明蚊幼虫密度与 NH_4^+-N 浓度、BOD_5 浓度和水深呈正相关，与 TN、Chla 浓度呈负相关。

对水质和非水质因素进行 M5P 回归计算，其结果如图 5-2。M5P 算法是决策树和线性回归算法的结合。将所有变量输入，得到 8 个回归方程，相关系数为 0.708。主要分类变量为 TP 浓度、水温(WT)、COD_{Mn}浓度、pH 值。当 TP 浓度不大于 0.13mg/L 时，使用 LM1 方程。当 TP 为 0.13mg/L～0.78mg/L 时，使用 LM2 方程。当 TP 大于 0.78mg/L 且水温不高于 20.6℃时，使用 LM3 方程。当 TP 大于 0.78mg/L 且水温高于 20.6℃时使用 LM3 方程。当 TP 大于 0.78mg/L 且水温高于 20.6℃、COD_{Mn}浓度不大于 7.12mg/L，则使用 LM4 方程。当 TP 大于 0.78mg/L 且水温高于 20.6℃、COD_{Mn}浓度大于 7.12mg/L 时，需要结合水温和 pH 值来综合选择，若不大于 8.06 且水温不高于 23.1℃时，则使用 LM5 方程，若水温高于 23.1℃且 pH 值不大于 7.20 时，则使用 LM6 方程。其他条件下，使用 LM7 和 LM8 方程。

LM1～LM8 方程中的计算变量主要为 WT、BOD_5浓度、COD_{Mn}浓度、Chla 浓度，不同方程中，变量的系数和常数各不相同，8 个方程中，均有 BOD_5浓度和 Chla 浓度这两个变量，且 BOD_5系数为正，Chla 为负，与线性回归结果相同，即蚊幼虫密度与 BOD_5浓度呈正相关，与 Chla 浓度呈负相关。

若改变输入变量，将个别未体现的变量剔除，仅保留 BOD_5浓度、pH 值、WT、Chla 浓度以及 COD_{Mn}浓度，得到另一个回归树模型，回归方程为 4 个，相关系数为 0.7648。该模型以 BOD_5浓度作为分类树根。若 BOD_5浓度不大于 2.33mg/L，则使用 LM1 方程计算蚊幼虫密度，若 BOD_5浓度大于 2.33mg/L，则根据 pH 值，pH 值大于 8.11 时，则使用 LM4 方程计算，反之，看 Chla 浓度大小，Chla 浓度小于等于 4.12，使用 LM2 方程，反之使用 LM3 方程。该

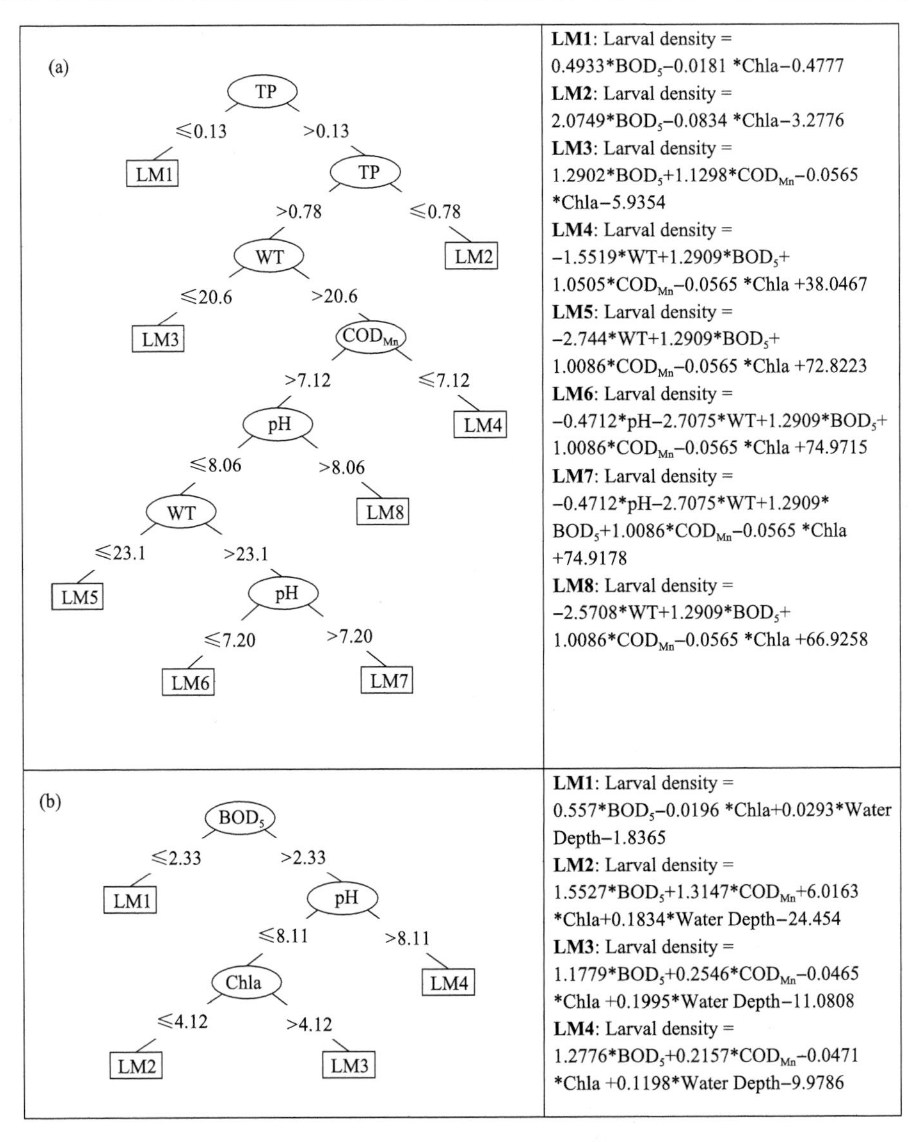

图 5-2　预测城市水环境及其治理系统中蚊幼虫密度的回归树模型及回归方程

(a)相关系数为 0.708；(b)相关系数为 0.7648。

模型树叶和分支更少，更为简单和准确。LM1～LM4 方程的变量为 BOD_5 浓度、pH 值、WT、Chla 浓度以及 COD_{Mn} 浓度。计算结果表明：蚊幼虫密度主要与 BOD_5 浓度和 COD_{Mn} 浓度呈正相关，与 Chla 浓度呈负相关。

模型计算在蚊害预警和防控中具有一定的实用价值。但是，模型计算需以大数据作为支撑。受客观条件限制，本研究在积水生境和蚊幼虫孳生方面积累的数据还有限，这影响了模型计算的应用价值，有待进一步完善。

参 考 文 献

[1] Mereta S T, Yewhalaw D, Boets P, et al. Physico-chemical and biological characterization of anopheline mosquito larval habitats (Diptera: Culicidae): Implications for malaria control[J]. Parasites & Vectors, 2013, 6: 320.

[2] Beehler J W, Millar J G, Mulla M S. Synergism between chemical attractants and visual cues influencing oviposition of the mosquito, *Culex quinquefasciatus* (Diptera: Culicidae) [J]. Journal of Chemical Ecology, 1993, 19 (4): 635-644.

[3] Diemont S A W. Mosquito larvae density and pollutant removal in tropical wetland treatment systems in Honduras[J]. Environmental International, 2006, 32: 332-341.

第6章 城市水环境及其治理与蚊虫孳生：效应评价、机制分析与协调对策

6.1 城市水环境及其治理的蚊虫孳生效应评价与机制分析

如前所述，城市水环境及其治理对蚊虫孳生的影响效应既有P(promote，促进蚊虫孳生)效应，也有S(suppress，抑制蚊虫孳生)效应，而且P效应和S效应还有强弱之分以及常态化和偶发性的差异，即所谓的“一水一情”。而且，城市水环境治理的技术措施/工程设施也有很多，每种措施/设施及其设计、运行和管理对蚊虫孳生的影响效应也不同，也即可变性和多变性。因此，控蚊也需要制定和采取“一水一策”和“一措一策”。

1. 积水载体分类及其与蚊虫孳生的关系

孳生地生境治理是控蚊之本。三十多年前，我国著名的医学昆虫专家陆宝麟先生对我国常见蚊种及其孳生地进行了较为系统的研究[1]，将孳生地分为四大类：①水田(稻田、茭白田)；②地表水体(河浜、池塘)；③排水沟渠(农地灌溉沟渠和城市下水道)；④坑洼和容器(洼地、水坑、缸罐、轮胎、粪桶、竹筒、便池)。对应于这四大类孳生地的蚊种也不同：库蚊主要孳生在水田和水体，伊蚊主要孳生在洼坑和容器，阿蚊主要孳生在粪桶和便池。同时，陆宝麟先生对蚊虫主要孳生地的生境描述中反复提及“污水”“清水”和“水生植物”。

在城市蚊害防控领域，受从业者专业背景及行业分工的影响，不同学科(专业)在重点关注对象(孳生地)及其分类等方面，可能存在一定的差异。

对于蚊幼虫而言，其孳生地是指积水载体。本书作者将卫生健康学科和生态环境学科重点关注的积水载体(城市范围内)合并起来，按照空间尺度和积水时长(大多数情况下，积水时长与空间尺度成正比)进行分类，主要分为：①大中型和长期性积水载体(河道、湖泊、池塘、活水公园)；②中小型和半长期性积水载体(排水管道及沟渠、窨井、湿地、海绵体)；③小微型和暂时性积水载体(水坑、洼地、轮胎、花盆、竹筒、树洞、天沟)。其中，河流、

湖泊、水库、池塘、湿地、海绵体等是生态环境学科重点关注的对象，水坑、洼地、轮胎、花盆、竹筒、树洞、天沟是卫生健康学科重点关注的对象，而排水管道及沟渠、窨井、湿地是生态环境学科和卫生健康两个学科共同关注的孳生地。

与卫生健康学科比较，生态环境学科对蚊幼虫孳生地(积水载体)的生境描述和分析既有相似性也有差异性：①相似性："污水""清水""水生植物""河浜""池塘""排水沟渠""洼地""窨井"；②差异性：对积水载体水环境的描述和分析方面，卫生健康学科多为粗略和定性型，如污水和污染，而生态环境学科多为精密和定量型，如地表水Ⅴ类、P 值、A 值、I_{wq} 值、黑臭型、藻华型以及各单项水质参数。特别是，在近三十年的发展中，我国城市水环境及其治理发生了"翻天覆地"和"日新月异"的变化，而卫生健康专业及其从业者应对这种变化有较大难度，从而导致认知和实践上的脱节。

本书作者及其科研团队以生态环境专业为主，因此，以城市河道、活水公园、排水沟渠与窨井、人工湿地、海绵体等为重点，分析不同积水载体的生境特点及其与蚊虫孳生的关系，结果如表 6-1 所示。

2. 水质对蚊虫孳生的影响效应和机制分析

水质是城市水环境及其治理的核心考核目标。水质对蚊虫孳生的影响主要表现在：①影响蚊幼虫呼吸；②影响雌蚊成虫在水面站立和产卵；③影响伴生生物(动物和植物类型及生物量，包括鱼类等天敌，水质越差，高等水生动物就越少)；④影响食源类型及丰度；⑤指示水环境的管理(截污和保洁)状态和水平。

如表 6-2 所示，以河、湖、沟、塘等大中型积水生境为例，将水质分为黑臭且 $I_{wq}\geqslant 15$(相当于 COD_{Cr} 大于 150mg/L，类似于粪池水质，多孳生蝇蛆)、黑臭且 I_{wq} 为 7～15、劣Ⅴ类但不黑臭(I_{wq} 为 6～7)、Ⅴ类($I_{wq}<6$)四个类型(达到或优于Ⅳ类水质后，蚊幼虫出现的概率极低，不做分析和讨论)，探讨水质对蚊虫孳生的影响效应和机制分析。

摇蚊(其幼虫俗称"红虫")和蚊虫同属于昆虫纲双翅目蚊科，它们的产卵、孵化、化蛹以及羽化都是在水中完成的，都可以水中有机颗粒和藻类为食，生活史都经历卵、幼、蛹以及成虫四个阶段，而且都是水生食物网的重要环节。杀虫剂、除草剂和重金属对摇蚊幼虫有一定的生物毒性。因此，如果水体遭受工业废水和农药化学品的污染，则可能会抑制蚊幼虫的生长发育[2]。

表 6-1　城市积水载体及其与蚊虫孳生的关系

积水载体	载体尺度	积水周期	案例	效应类型及强弱	机制分析	蚊种	备注
城市河道	大中型	长期性	上海市工业河	P 或 S	积水周期大于蚊虫世代周期	库蚊为主	效应类型及其强弱视具体情况而定
活水公园	大中型	长期性	上海市梦清园	P 或 S	积水周期大于蚊虫世代周期，其中，水池和水塘的积水周期较长	库蚊为主	效应类型及其强弱视具体情况而定
排水沟渠和窨井	中小型	长期性/半长期性	上海市外环西段绿带雨水沟渠和窨井	P	积水周期大于蚊虫世代周期	库蚊/伊蚊	窨井的积水周期较长，如窨井盖板破损且井内有较多腐殖质污物积累，则蚊虫孳生的风险增加
人工湿地	不定	不定	上海市东区污水厂尾水湿地/常熟市中创污水厂尾水湿地	P 或 S	表面流湿地池属于长期积水载体且积水周期大于蚊虫世代周期；潜流和垂直流湿地池属于暂时性积水或无积水载体	库蚊/伊蚊	表面流湿地的抗堵性较好，是人工湿地的主要类型，如为处理污水(包括污水厂尾水)的表面流湿地，则蚊虫孳生的风险较高。湿地池的沟渠和阀门井等附属设施的积水周期可能有长期性和半长期性的差异，长期性积水且不加盖或盖板破损的湿地阀门井中蚊虫孳生的风险较高
海绵体	中小型	暂时性/半长期性/长期性	池州市池州一中和三台山公园海绵体	P 或 S	植草沟属于暂时性积水载体且积水周期小于蚊虫世代周期；雨水花园和雨水湿塘的积水周期可能有半长期性和暂时性的差异；雨水储罐属于长期性积水载体且积水周期大于蚊虫世代周期	库蚊/伊蚊	雨水花园和雨水湿塘如发生堵塞，则其积水周期增长，蚊虫孳生风险提高；不加盖或盖板破损的雨水储罐的蚊虫孳生风险较高

注：案例对应于本书所指的研究周期；PPP、PP、P 分别为极强、较强、一般的促进效应，SSS、SS、S 分别为极强、较强、一般的抑制效应；效应强弱还与蚊种有关，某些种类的蚊虫其幼虫前期的发育历期较短，P 效应可能性较大且 P 效应强度较高。

表 6-2　水质对蚊虫孳生的影响效应和机制分析

水质特点及类别	案例	效应类型及强弱	机制分析	蚊种
黑臭且I_{wq}≥15	温州市山下河/上海市工业河的排污口	S	水体污染和缺氧严重，表层 DO 浓度不足 0.3mg/L，水面油污较多，蚊卵无法孵化、蚊幼虫无法呼吸	—

续表

水质特点及类别	案例	效应类型及强弱	机制分析	蚊种
黑臭且 I_{wq} 为 7～15	温州市山下河/上海市工业河	PPP	水体缺氧严重，但蚊幼虫可近水面呼吸；水体浑浊、水色很深且散发臭味，引诱雌蚊产卵；蚊幼虫食源丰富；水中鱼类等天敌因缺氧而无法生存或数量极少；水面有较多漂浮物（垃圾、落叶、油污、浮泥）并营造了适合于蚊幼虫的微生境	库蚊为主，且倾向在垃圾和落叶附近聚集；在水面的某些容器型垃圾中可能有伊蚊。“城中村”和畜禽养殖场附近黑臭水体的 P 效应增强（血源）
劣Ⅴ类但不黑臭（I_{wq} 为 6～7）	温州市九山外河/上海市桃浦河	P	水体缺氧较重，影响较大型鱼类的生存但不影响蚊幼虫和浮游动物的呼吸；水体较浑浊、水色较深，引诱雌蚊产卵；蚊幼虫食源较丰富；水面有较少漂浮物（垃圾、落叶）并营造了适合于蚊幼虫的微生境	库蚊
Ⅴ类（I_{wq}＜6）	上海市淡江河	S	水体溶解氧浓度可以支持蚊幼虫、桡足类和枝角类浮游动物以及耐污型鱼类生存；水中鱼类等天敌较多且捕食蚊幼虫的效率较高；水面无漂浮物（垃圾、落叶）或极少，但可能有较多浮萍（严重时会铺满水面）	初夏可能会偶发性孳生少量库蚊

注：本表主要针对河道、湖库和池塘等大中型积水生境；案例对应于本书的研究周期；I_{wq} 值的计算以Ⅴ类水作为参照标准；PPP、PP、P 分别为极强、较强、一般的促进效应，SSS、SS、S 分别为极强、较强、一般的抑制效应。

3. 植物对蚊虫孳生的影响效应和机制分析

影响城市水环境蚊虫孳生的植物既有水生（湿生）植物，又有陆生植物，包括乔木、灌木、草本等类型[3]。平原感潮河网地区由于潮汐的周期性变化，连通性水体水位变化较大且存在较明显的水位变动区，而相对独立的封闭性水体受潮汐影响很小，其水位变化也小。广义上，水体绿化包括水域绿化（常水位以下的沉水植物、浮叶植物以及水面上的生态浮床）、边坡绿化（水位变动区绿化）、陆域绿化（边坡与水体蓝线之间范围内的绿化）。应在符合防汛、航运安全和体现生态功能的前提下，根据水体的具体情况，统筹兼顾保土、固坡、净化、美化、休闲等要求。边坡绿化以挺水植物和湿生植物以及攀缘植物和柔枝植物为主，陆域绿化常为乔灌草搭配。

在城市水环境及其治理中，与蚊虫孳生最相关的植物是水生植物，第一是因为水生植物是水体生态的重要组成，第二是因为水生植物对污染物的净化作用，第三是因为蚊虫生长繁殖的三个阶段都在水中。水生植物都是草本植物，主要分为挺水植物、浮叶植物、漂浮植物、沉水植物和浮游植物，它们都与蚊虫孳生有着直接和间接的关系：

(1) 水生植物可以为蚊虫提供较适宜的栖息环境(阴暗、潮湿、微风)。

(2) 水生植物可以阻碍天敌对蚊虫的捕食。

(3) 水生植物可以为蚊虫提供食物(汁液和花蜜)。

(4) 水生植物可以降低水流速率，减缓水流对蚊幼虫的冲刷和伤害。

(5) 水生植物的挥发物和凋落物对蚊虫产卵及幼虫生长发育有诱导或驱避作用。

在城市水环境及其治理中，水生植物的种类、生物量和密度“因地而异”“因水而异”“因治而异”“因管而异”，一方面，不同地区(以地理纬度区分)适宜栽种的水生植物不同，不同种类和生活型的水生植物其适应的水质和水动力条件也不同，不同的城市水环境治理工程项目选择和配置的水生植物也可能不同，不同城市水环境管理水平和养护措施也会影响水生植物的生长和繁衍。水生植物种类、生物量和密度会影响蚊虫的生存和繁衍，但也会影响水中其他生物的生存和繁衍，包括蚊虫的天敌，如鱼、虾、青蛙、蜻蜓和水蜘蛛等。

前述的模拟实验(第 3 章)结果表明：绿薄荷、香菇草和鱼腥草对淡色库蚊产卵有较明显的抑制作用，而粉绿狐尾藻对淡色库蚊产卵有一定的诱导作用，可能与这些植物产生的挥发物相对含量及成分不同有关；植物密度对蚊虫孳生也有一定影响，高密度绿薄荷能明显抑制淡色库蚊产卵，而低密度粉绿狐尾藻能促进淡色库蚊产卵。

浮游植物是淡水初级生产力的主要代表。我国大中型湖库、城市内湖以及缓流型河道氮磷污染严重并频发蓝藻和浮萍，使得水环境灾害进一步演变成生态灾害和健康灾害。

本书的作者及其科研团队在模拟实验中发现蚊幼虫食用水中单细胞藻的现象(图 6-1)。

在城市水环境及其治理中，陆生植物特别是近岸的陆生植物对蚊虫孳生也有着直接和间接的影响。

(1) 陆生植物及其群落可以营造阴暗潮湿微风的微生境，适合于蚊虫的栖息和繁衍，且其对蚊虫孳生的 P 效应因水绿复合而增强。

(2) 陆生植物可以为蚊虫提供食物(汁液、花蜜以及落叶的分解物)。

(3) 陆生植物产生的挥发物对蚊虫具有引诱(P 效应)或驱避(S 效应)作用。

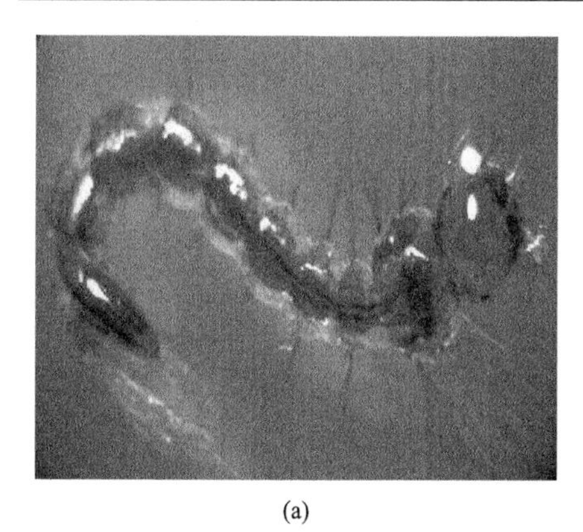
(a)

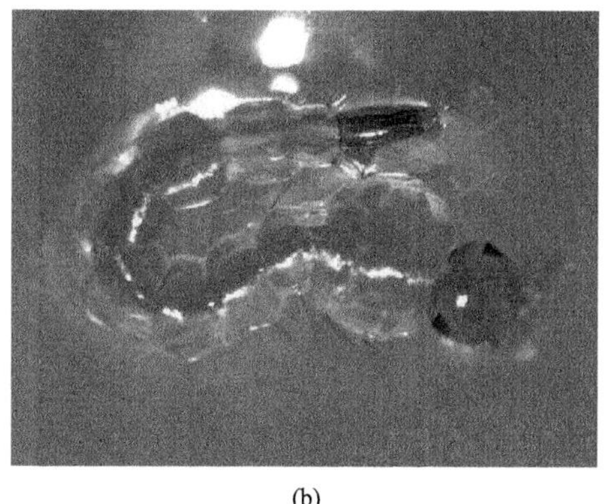
(b)

图 6-1　食用单细胞藻前后蚊幼虫

(a)食藻前；(b)食藻后。

(4)树洞以及凤梨科植物的叶基都有可能积水，为蚊虫提供栖息地等。

(5)近岸乔木可能有较好的遮阳作用，有利于雌蚊在阴凉水面上产卵以及水中蚊幼虫的生长发育(P效应)，其作用效应的强弱与乔木的种类有关，也与乔木和水体的距离及位置有关，还与水体的大小有关，如果小型水体的南侧有高大、密集、落叶、阔叶、近岸的乔木，则P效应更强。

(6)陆生植物特别是落叶植物在秋冬季的落叶有可能会进入水体，这些落叶腐败分解后形成腐殖质，不仅造成水色发暗，而且使有机物含量增加，严重时甚至会导致水体淤塞，这些都会影响蚊虫的孳生。

4. 动物对蚊虫孳生的影响效应和机制分析

蚊虫是双翅目昆虫中的一类，它们在生态环境中与其他生物之间的关系(种间关系)同样也有共栖、共生、寄生、捕食、竞争、偏害等多种类型。同时，同种蚊虫之间也有互助和斗争等种内关系。

在城市水环境及其治理中，与蚊虫孳生最相关的动物是水生动物，一方面水生动物是水体生态的重要组成，另一方面是因为水生动物对污染物的净化作用，第三方面这是因为蚊虫生长繁殖的三个阶段都在水中。在城市水环境及其治理中的水生动物主要分为游泳动物、底栖动物和浮游动物等类型，常见的有鱼、虾、螺、蚌、水丝蚓、水蛭、蜻蜓幼虫、摇蚊幼虫以及轮虫、水蚤等，它们都与蚊虫孳生有着直接和间接的关系。

在城市水环境及其治理中，水生动物的种类、生物量和密度“因地而异”“因水而异”“因治而异”“因管而异”，一方面，不同地区(以地理纬度区分)

适宜生存的水生动物也不同，不同种类和生活型的水生动物其适应的水质和水动力条件也不同，不同的城市水环境治理工程项目选择和配置的水生动物也可能不同，不同城市水环境管理水平和养护措施也会影响水生动物的生长和繁衍。另一方面，生物之间存在“生态重位”和“生态错位”关系，也就是说，它们在生态位的空间和时间上存在重合和错开的关系，而这种关系会导致某种或多种生物在时空上的“此起彼伏”。

华东师范大学的研究结果[4]表明，2000 年 11 月～2001 年 10 月期间，苏州河(上海段)仍然污染严重，水质属于劣 V 类和中度黑臭，COD_{Cr}、BOD_5、NH_4^+-N 和 DP 平均浓度分别达到 40.4mg/L、8.8mg/L、4.4mg/L 和 0.4mg/L，且下游河段的水质劣于上游的。2000 年 11 月～2001 年 10 月期间，苏州河的上海市郊段鱼类以鲫鱼、鲢鱼、鳙鱼、青鱼、乌鳢、鳑鲏鱼、棒花鱼、麦穗鱼、斗鱼、银飘鱼等为主，其中，华漕河段常见的鱼类有鳑鲏鱼、食蚊鱼、棒花鱼和麦穗鱼，苏州河的上海城区段在 2000 年 11 月未见鱼类，2001 年 5 月～10 月期间，可见食蚊鱼、鳑鲏鱼、棒花鱼、麦穗鱼和斗鱼，但与市郊河段相比，城区河段鱼的种类少、体型小、密度低而且食性以滤食性为主。2000 年 10 月～2001 年 7 月，苏州河(上海段)的 8 个断面中共检测出 15 种底栖动物，包括：软体动物为 7 种(铜锈环棱螺、梨形环棱螺、扁蜷螺、方格短沟蜷、圆顶珠蚌、蚶形无齿蚌、椭圆萝卜螺)，占总种类数的 46.7%；寡毛类有 5 种(中华颤蚓、霍甫水丝蚓、苏氏尾鳃蚓、交趾管盘虫、七鳃管盘虫)，占总种类数的 33.3%，还发现有 2 种水生昆虫(双翅目幼虫、摇蚊幼虫)和 1 种水蛭。其中，7 种软体动物主要出现在上游河段(赵屯、黄渡和华漕)，下游河段极少或没有。2000 年 10 月～2001 年 7 月，苏州河(上海段)全年四次调查共观察到浮游动物 53 种，其中轮虫纲种类最多，有 30 种，占总数的 57%，其次为桡足类，有 13 种，占总数的 24%，枝角类 10 种，占总数的 19%。全河性分布的属及种有：萼花臂尾轮虫、转轮虫、曲腿龟甲轮虫、针簇多肢轮虫、小剑水蚤属、短尾秀体蚤、微型裸腹蚤，其中，下游河段均为多污带和中污带的指示物种(萼花臂尾轮虫、转轮虫)，仅在上游河段发现寡污带的指示物种(脆弱象鼻蚤)。从赵屯(上游)到浙江路桥(下游)浮游动物种数和密度呈现由多到少的趋势。

以上研究结果表明：处于黑臭期的苏州河(上海段)，河道生态系统严重退化，水生动物以耐污种为主，且从上至下逐段加剧。以下游河段(北新泾至浙江路桥的上海城区段)为例，发现鱼类或鱼类的种数极少且以食蚊鱼、鳑鲏鱼、麦穗鱼等为主(捕食蚊幼虫的主要鱼类)，该河段以黑臭水质为基本的生境条件，蚊幼虫、食蚊鱼以及摇蚊等之间形成了特定的生态关系，其中，浙江路桥、长寿路桥等老城区河段中鱼类和大型浮游动物(轮虫和大型溞)不仅数量少而且个体小，蚊幼虫在竞争上可能会处于优势，可能成为蚊虫的重要孳生地[2]。

华东师范大学刘一等[5]于 2007 年 11 月～2008 年 1 月对上海市中心城区 4 条已经经过阶段性治理的城市河道(朝阳河、横港河、午潮港、曹杨环浜)冬季浮游动物群落开展了监测分析，共鉴定出浮游动物 32 种，分别为：轮虫 27 种(以转轮虫、长足轮虫、萼花臂尾轮虫、螺形龟甲轮虫、长肢多肢轮虫和跃进三肢轮虫为优势种)，枝角类 3 种(金氏薄皮溞、发头裸腹溞、矩形尖额溞)，桡足类 2 种(汤匙华哲水蚤、广布中剑水蚤)。4 条河道浮游动物的平均密度为 155.17～2114.17 个/L，其中，浮游动物密度从高到低依次为：朝阳河＞午潮港＞曹杨环浜＞横港河。水质与浮游动物的相关分析结果表明，横港河的 DO 浓度最低(冬季平均值仅为 2.6mg/L)而 NH_4^+-N 浓度最高(冬季平均值达 5.4mg/L)，属于典型的黑臭河道，不适合浮游动物特别是高等浮游动物的生存和繁衍；朝阳河的 DO 浓度较高(冬季平均值达 7.4mg/L)，而 NH_4^+-N 浓度居中(冬季平均值达 4.7mg/L)，属于典型的富营养化河道或富营养化与黑臭复合型河道，较适合浮游动物特别是高等浮游动物的生存和繁衍；曹杨环浜的 DO 浓度最高(冬季平均值达 8.5mg/L)，而 NH_4^+-N 浓度最低(冬季平均值仅达 2.5mg/L)，属于典型的劣Ⅴ类、不黑臭、富营养化河道，适合于浮游动物特别是高等浮游动物的生存和繁衍，但与此同时也适合于鱼类等游泳动物的生存和繁衍，导致浮游动物密度较低。由水质污染类型及程度、浮游动物种类及密度的分析可知，横港河可能是 4 条河道中蚊幼虫最适合的孳生地。

水蚤类浮游动物是蚊幼虫的重要天敌。哈尔滨工业大学崔福义等[6]认为，我国水体普遍存在氮磷输入负荷高并导致下级营养级营养过剩和浮游藻暴发性增殖问题，为浮游动物提供了丰富的饵料，使得这些浮游动物的摄食竞争压力大大降低，为其生存和繁衍提供了良好的条件，水体中哲水蚤的数量下降而剑水蚤的数目增加，特别是耐污型浮游动物(剑水蚤等桡足类浮游动物)成为优势种属。

本书作者及其科研团队的模拟实验(第 3 章)结果表明：食蚊鱼、浮游动物以及蚊幼虫共存时会形成捕食与被捕食的关系，对蚊幼虫生存产生影响，其中，蚤状溞与蚊幼虫共存时，可能存在种间(蚤状溞与蚊幼虫)相食和种内(蚤状溞与蚤状溞、蚊幼虫与蚊幼虫)相食的复杂食物链关系，而且这种关系因动物的种类、数量比、发育期及体型而变；食蚊鱼是蚊幼虫的主要捕食者，其对蚊幼虫的捕食不仅效率很高而且采取吞咽式捕食方式；食蚊鱼幼鱼与成年鱼对蚊幼的捕食规律不同，幼鱼的捕食是先快后慢、成年鱼是先慢后快，而且成年食蚊鱼对蚊幼的捕食量大于食蚊鱼幼鱼；在食蚊鱼、浮游动物以及蚊幼虫共存时，食蚊鱼幼鱼倾向于优先捕食个体尺寸较小的低龄（Ⅰ龄和Ⅱ龄）蚊幼和浮游动物，而成年食蚊鱼则优先捕食枝角类和桡足类浮游动物，然后捕食Ⅰ～Ⅲ龄蚊幼，最后捕食高龄（Ⅳ龄）蚊幼。

也就是说，在鱼、浮游动物以及蚊幼虫共存的体系中，捕食和被捕食因这些动物的种类、食性、体型、龄期等因素而异并受水质等条件的调节，可能会出现"敌无我有""敌有我无""敌少我多""敌多我少""敌弱我强""敌强我弱"等多种情况。

5. 曝气对蚊虫孳生的影响效应和机制分析

曝气是城市水环境治理中最常用的技术措施，而曝气机是城市水环境治理中最常用的曝气设备，主要用于重污染及黑臭型水体的治理。曝气可以快速提高水体中溶解氧浓度，为水中生物的生存和繁衍提供最基本的生境条件；曝气可以启动水体的好氧微生物净化，快速净化水质。但在河湖水体的曝气过程中，会产生噪声、波浪、水花、泡沫等，从而对蚊虫孳生造成影响。

曝气对城市水环境治理与蚊虫孳生的影响效应类型及其强弱因机而异、因水而异、因式而异、因时而异。

首先是"因机而异"。城市水环境治理中常用的曝气设备主要有鼓风曝气设备和机械曝气设备两种类型。鼓风曝气设备的构成比较复杂（鼓风机+送气管线+扩散装置），但其噪声较小（鼓风机多安装在室内），如为微孔扩散装置，则传氧效率高且节能效果好，有利于水质净化，但对水面的扰动作用小，可能对蚊虫孳生产生 P 效应。机械曝气（叶轮/射流）的构成比较简单，其运行过程中产生的噪声较大且对水面扰动较强，可能对蚊虫孳生产生 S 效应，但机械曝气机的叶轮及进水口易遭水面垃圾的干扰（垃圾缠绕叶轮、垃圾堵塞进水口并最终导致曝气机停运乃至电机烧毁），故在河湖水体的曝气机附近设置围隔（丝网或格栅），这就使得曝气对蚊虫孳生的影响效应类型及强弱发生改变（S 效应变为 P 效应、P 效应变为 PP 效应），且这种改变与围隔类型（大孔、小孔、微孔）以及围隔与曝气机的距离等有关，许多围隔是小孔和微孔且围隔距曝气机较远，则可能是 PP 效应，蚊害风险加大。

其次是"因水而异"。泡沫会在水面形成隔离层（隔断水和气的交换），抑制雌蚊产卵和蚊幼虫的呼吸。无论是鼓风曝气或是机械曝气，都可能产生水面泡沫，这些水面泡沫的多少及其对蚊虫孳生的影响“因水而异”。黑臭型水体中含有浓度较高的表面活性剂(因生活污水排放而来)，且水质净化时需要的曝气机较多、曝气量较大，曝气时水面泡沫较多且严重时会铺满水面，将严重抑制雌蚊产卵和蚊幼虫存活，叶轮曝气机产生的水面泡沫较多，射流曝气机产生的水面泡沫较少，鼓风-微孔曝气设备产生的水面泡沫最少。较清洁型水体中表面活性剂浓度较低且水质净化时需要的曝气机较少、曝气量较小，曝气时水面泡沫较少，泡沫对雌蚊产卵和蚊幼虫存活的抑制效应较弱。

再次是“因式而异”，在城市河湖水环境治理过程中，因水质本底及净污目标等的差异，曝气机的运行有连续式和间歇式之分，其中，连续式曝气的净污功能强，其对蚊虫孳生主要是 S 效应，但连续曝气的运行成本(电费)高，且脱氮效果较差(难以形成 A/O 条件)；间歇式曝气的净污功能较弱，运行成本(电费)较低且脱氮效果较好(可以形成 A/O 条件)，但其对蚊虫孳生可能是 P 效应。

最后是“因时而异”，S 效应强度随曝气量的增加而加大，且夜间 S 效应强度大于白天(蚊成虫昼伏夜出)。曝气对蚊虫孳生的影响效应见表 6-3。

表 6-3　曝气对蚊虫孳生的影响效应

曝气设备类型、运行方式及有无围隔			案例	效应评价	蚊种
设备类型	运行方式	有无围隔	模拟实验		
鼓风	连续	无	模拟实验	SS	—
鼓风	间歇	无	模拟实验	S	—
鼓风	连续	有	模拟实验	P 或 S	库蚊为主，其他情况参见表 6-1
鼓风	间歇	有	模拟实验	P 或 PP	

6. 混凝对蚊虫孳生的影响效应和机制分析

混凝就是向水中投加混凝剂，使胶体粒子以及悬浮颗粒在混凝剂的作用下失去稳定性聚集成较大的颗粒，以便通过沉降、过滤等方法予以快速去除。混凝过程可分为凝聚和絮凝，其中，凝聚是指胶体粒子失稳的阶段，絮凝是指胶体粒子长大的阶段，凝聚和絮凝所需要的药剂和条件也有所不同，凝聚需要投加能够起到电性中和与压缩双电层作用的药剂，如碱式氯化铝、聚合硫酸铁，凝聚操作要求短时的强搅拌条件，絮凝需要投加能够起到架桥和网捕以及吸附作用的药剂，如聚丙烯酰胺，絮凝操作要求较长时间的弱搅拌。

混凝常用于饮用水净化和污废水处理，混凝具有降浊、脱色、除磷等功能，也能去除水中的微生物，包括病原菌和病毒等病原微生物。

影响混凝净水效果的因素很多。首先是混凝剂的类型，混凝剂类型繁多，其特点及应用范围也各不相同。按照化学组成，混凝剂一般分为无机型与有机型两大类；根据分子量大小，混凝剂有高分子、大分子和低分子之分；根据所带电荷性质及电荷数，有阳离子型、阴离子型和非离子型以及强阳离子型、强阴离子型之分；根据混凝剂来源，有天然类与人工合成类之分。但天然混凝剂由于来源有限、净化效果差等原因，目前应用较少。目前市售和使用的大多是合成混凝剂。选择混凝剂的要求有：来源充足、效果好、价格低廉。水处理中常用的混凝剂主要有碱式氯化铝、聚合硫酸铁、聚丙烯酰胺等。近年来，一些多功能复合型混凝剂被研制出来，如聚丙烯酸钠集电性中和、压缩双电层、架桥、网捕以及吸附等作用于一体，还有些混凝剂还具有氧化及杀菌等功能。

在城市水环境治理中，混凝主要用于水体的应急净化，而不是常规净化。这一方面是因为措施的必要性，当水体发生突出性或特别型污染，如水质突然恶化且含有高浓度有毒有害污染物时，就可能向水体特别是向排污口附近的水体中投加混凝剂进行应急净化，另一方面是因为该措施的成本高、持效时间短，且副作用大。

混凝及其他常规水处理措施(化学氧化、过滤)对蚊虫孳生是否有影响以及影响机制和效应是怎样的？在卫生健康学科领域极少做过研究。但在生态环境学科领域，有较为相近的研究报道。

摇蚊幼虫、颤蚓等底栖动物和剑水蚤等浮游动物的孳生对给水处理和供水安全造成了危害，如感官不适、堵塞滤池并携带病原体，这在以富营养化型湖库作为水源地时更为严重。黄廷林等[7]利用次氯酸钠、过氧化氢、高锰酸钾、二氧化氯和臭氧等几种常用氧化剂对水中摇蚊幼虫开展了灭活试验，研究了在不同投药量、pH 值、接触时间下几种药剂对摇蚊幼虫的灭活效果，结果表明臭氧和二氧化氯预处理能够有效杀灭摇蚊幼虫[8,9]。采用盐水或氨水浸泡，对活性炭滤池中剑水蚤也有较好的杀灭效果[10-12]。

雌蚊产卵选择性受视觉、嗅觉、触觉、信息素等多因素的影响。本书作者及其科研团队的模拟实验结果表明，水样经碱式氯化铝混凝处理后，其上清液及沉淀絮体呈淡黄色，对雌蚊产卵有一定的诱导作用(P 效应)。搅拌和混凝都对蚊卵孵化和幼虫生长发育有较明显影响，其中，混凝的影响效应大于搅拌，混凝与搅拌的叠加影响效应大于单独混凝和单独搅拌，且混凝对刚孵化的Ⅰ龄幼虫杀伤力最大(SS 效应)，投加混凝剂后幼虫化蛹率大幅度下降(SS 效应)，如果混凝叠加了搅拌，则会彻底抑制幼虫的化蛹(SSS 效应)。混凝对蚊卵孵化和幼虫生长发育的影响，一方面与混凝剂的生物毒性有关，另一方面与混凝形成的絮体有关，絮体形成时“捕获”了一部分蚊卵并一起沉淀至烧杯底部，由于絮体沉淀物的物理阻隔，导致孵化出的幼虫因缺氧或难以取食而死亡，第三方面与混凝对蚊幼虫食源的削减，特别是有机颗粒物浓度的减少有关。混凝后死亡蚊幼在絮体层中的分布如图 3-35 所示。混凝对蚊虫孳生的影响效应和机制分析见表 6-4。

表 6-4　混凝对蚊虫孳生的影响效应和机制分析

单元操作	生境特点	影响效应与机制分析	效应评价
混凝	改变 pH 值和水色，形成絮体，食物减少	P 效应：水色加深，诱导雌蚊产卵；S 效应：不适宜的 pH 值、絮体对卵的网捕和对蚊幼虫呼吸和取食的制约、食物减少，抑制蚊卵孵化以及蚊幼虫生长发育	P；SS
混凝+搅拌	改变 pH 值和水色，形成絮体，食物减少，切削和扰动	P 效应：水色加深，诱导雌蚊产卵；S 效应：不适宜的 pH 值、絮体对卵的网捕和对蚊幼虫呼吸和取食的制约、食物减少、搅拌桨切削以及水力扰动，抑制蚊卵孵化以及蚊幼虫生长发育	P；SSS

7. 生态浮床的蚊虫孳生效应和机制分析

生态浮床是城市水环境治理中常用的技术措施(设施)，这一方面是因为生态浮床不占地的优势(城市水体附近往往土地资源紧张或无地可用)，另一方面是因为生态浮床与水体直接接触，其净污和修复的效果较好。

浮体是生态浮床的基本构件，常用的浮体有板式，如塑料(PE、PP、PS)板，也有筏式，如竹筏和木筏，还有管式、筒状、网状、球状、粒状，而且，这些形式(状)可以按需要进行组合，如PVC塑料管框架与塑料网(渔网)组合、PE 浮筒(球)与塑料网(渔网)组合、轻质陶粒与塑料网(渔网)以及腐殖质组合。浮力大、结实耐用、易于加工和组装是对浮体择用的基本要求，因此，塑料类浮体在工程上应用较多，但塑料浮体属于“生态异质性材料”，会造成二次污染。在林木资源较丰富的地区，可以就地取材，利用毛竹等天然材料加工制作竹排浮体、竹筒浮床以及棕丝浮体。

除浮体外，生态浮床上还需栽种水生植物或湿生植物。不同类型的浮体，其适宜栽种的植物也有差异，板式和筒状浮体上比较适宜栽种挺水植物，如芦苇、香蒲、美人蕉、旱伞草等，网状和筏状浮体上比较适宜栽种匍匐生长的植物，如粉绿狐尾藻，轻质陶粒与塑料网(渔网)以及腐殖土组合形成的浮体上还可以栽种某些陆生植物，如红花檵木、杜鹃花等。板式浮体上栽种植物时可能需要种植篓和海绵条等器物和材料，以预防倒伏并促进保水、保温。几种浮体的浮力及其植物(以挺水植物为例)的抗倒伏性依次为：筒状>板式>

陶粒＞棕丝。

生态浮床漂浮于水中，其管理和维护难度较大，灭蚊的难度也较大。

尚未见生态浮床与蚊虫孳生关系的研究报道。虽然本书作者及其科研团队通过模拟实验和现场监测证实了生态浮床会诱导蚊虫孳生(P效应)，但研究方法还不完善、结论还是初步的。

根据大量的城市水环境治理工程现场考察和调研，作者探讨和分析了生态浮床可能会对水体中蚊幼虫孳生造成影响的效应与机制，如表 6-5 所示。

表 6-5 生态浮床可能存在的蚊幼虫孳生点、孳生条件以及效应和机制

浮床类型	可能存在的孳生点、孳生条件以及效应和机制
板式浮体	种植篓。种植篓无缝或缝隙很小时，隔离鱼类等天敌的功能就强，可能是 P 效应。种植篓中死亡的植物如未及时清理和补种，则会形成小型积水容器且其内腐殖质和污泥较多，可能是 P 效应。如果出现无缝型种植篓(底部开孔的塑料花盆)与腐殖质及污泥大量累积，则可能是 PP 效应
筒状浮体	直立的竹筒或塑料管积水，如植物择用和管理不当，也会孳生蚊虫，可能是 PP 效应
棕丝浮体	棕丝浮体变形以及附载较多腐殖质和生物膜后会形成凹坑积水，也会孳生蚊虫，可能是 P 效应
所有浮体	浮体及其附载的植物可能是成虫的栖息地。效应类型以及强弱因浮体类型、植物种类及其管理而异。如果生态浮床置于黑臭水体中，则浮床附近水域的 P 效应增强

8. 人工湿地的蚊虫孳生效应和机制分析

湿地能够为蚊虫孳生提供适宜的水、质、氧、食等基本条件以及适宜的温、湿、光等小气候环境，是蚊虫孳生的重要场所。城市水环境治理中的湿地类型众多，其对蚊虫孳生的影响效应和机制也有差异，表 6-6、表 6-7 对此进行了初步的归纳和分析。

值得注意的是：我国城市水环境质量提标升级的需求紧迫，应这种需求，各地建设了大量人工湿地以及湿地公园。但这些湿地有可能为蚊虫的新型孳生地，如果临近人居社区或游客众多，则蚊害风险可能较高。表面流湿地因其较好的抗堵性，可能会在人工湿地中占比较高，但表面流湿地的敞开水面可能是蚊虫的孳生地，特别是表面流湿地用于处理污水厂尾水时，蚊害风险可能会更高。我国人工湿地开发及其应用的起步相对较晚，有些人工湿地在运行过程中其床面微地形和植被因设计、建设及管理等原因而发生改变，形成了床面凹凸不平、植物疏密不均、杂草丛生、腐殖质富集的微生境，可能会促进蚊虫的孳生。从上海和常熟的两个污水厂尾水湿地监测结果看，湿地的附属设施(阀门井、进出水槽)是蚊虫孳生较多的地方，需重点防控。

表 6-6 污水厂尾水湿地各单元生境特点及其对蚊幼虫孳生的影响效应和机制分析（现场实证，上海东区）

湿地区位	各单元生境特点及其对蚊虫孳生的影响效应和机制分析					备注
	进水口	出水口	环形出水槽（内圈和外圈）	通气管	原二沉池（主体）	
中心城区	水质V类～劣V类，无鱼、虾（进水来自于污水厂），有高大乔木遮阳，光照较弱，P效应	PPP效应。水质V类～劣V类，无鱼、虾（进水来自于污水厂），有高大乔木遮阳，光照较弱，有落叶累积	P效应。水质V类～劣V类，空间较开阔，原二沉池（主体）中放养的鱼类（鲤鱼）可进入并捕食蚊幼虫，有高大乔木遮阳，有落叶累积（腐殖质），光照较弱	S效应。管径太小，雌蚊产卵倾向性弱	S效应。池体面积较大，光照较强，有放养的鱼类（鲤鱼）	该尾水湿地由污水厂原二沉池改建而成，其构造上与常规的尾水湿地有较大差异；蚊幼虫主要在体量较小的进水口、出水口及环形出水槽中孳生，与水质较差、鱼类缺乏、落叶累积以及阴凉环境有关；栈桥（人行步道）下方原二沉池主体水域中偶发性孳生蚊幼虫，可能与栈桥的遮阳、鲤鱼数量少且捕食蚊幼虫的意愿不强有关。与各单元的设计、运行及管养有关，如湿地池增加喷水泵并加强环形水槽中落叶的清除，则蚊幼虫孳生的风险会降低

注：P效应是指生境对蚊虫孳生的促进效应，S效应是指生境对蚊虫孳生的抑制效应；PPP为极强的促进效应，PP为较强的促进效应，P为较弱的促进效应；SSS为极强的抑制效应，SS为较强的抑制效应，S为较弱的抑制效应。

表 6-7 污水厂尾水湿地各单元生境特点及其对蚊幼虫孳生的影响效应和机制分析（现场实证，常熟中创）

湿地区位	各单元生境特点及其对蚊虫孳生的影响效应和机制分析			备注
	湿地池	出水槽	阀门井	
城市近郊	S效应，试运行期间的进水为河水，营养不足，鱼类和蜻蜓等天敌较多，水生植物处于生长繁殖初期、覆盖率较低，光照较强。不利于蚊幼虫孳生	S效应，有混凝土盖板且水流较快，不利于雌蚊产卵和蚊幼虫孳生	PP效应。阀门井敞开（没有盖板）且与湿地池主体隔离，长期性积水，鱼、虾无法进入，无高大植物遮阳，光照较强	阀门井中发现蚊蛹，羽化成蚊的可能性较大。与阀门井的设计及施工有关，如阀门井加盖且配水管与阀门井之间留有较大缝隙，则蚊幼虫孳生的风险降低

9. 城市海绵体的蚊虫孳生效应和机制分析

近五年来，城市下垫面的海绵化改造在我国快速推进。植草沟、雨水湿塘、雨水花园、雨水储罐等海绵体单元设施是城市海绵工程的基本组成，特别是在人口密集、人多地少的中心城区，见表6-8，这些单元设施不仅在全部的海绵工程中占比很高，而且呈现小型、分散的特点，与居民区、公共建筑以及商业体等紧密相连。虽然，按照设计规范要求，这些海绵体的积水时间很短，但它们可能会因为管理和养护不当，造成积水时间变长、积水水质变差，有可能是蚊虫的孳生地，其潜在的危害亟待研究和解决。

表 6-8　城市海绵体各单元生境特点及其对蚊幼虫孳生的影响效应和机制分析（现场实证，池州）

海绵体区位	海绵体各单元生境特点及其对蚊虫孳生的影响效应和机制分析				备注
	池州一中雨水湿塘	池州一中雨水溢流井	三台山公园景观水池	三台山公园雨水湿塘	
中心城区	效应类型和强弱不定。如湿塘堵塞，则暂时性积水变成长期性积水，则 P 效应增强。如施肥且枯枝落叶未及时清理，则食源物质增多，P 效应增强。如只进雨水，则无鱼、虾等天敌控蚊	P 效应。小型容器且长期性积水。类似于常规雨水井的蚊虫孳生机制	S 效应。水面较大且有较多鱼类	效应类型和强弱不定。如湿塘堵塞，则暂时性积水变成长期性积水，则 P 效应增强。如施肥且枯枝落叶未及时清理，则食源物质增多，P 效应增强。如只进雨水，则无鱼、虾等天敌控蚊	与海绵体的设计、施工、运行及管养有关

10. 滨岸带的蚊虫孳生效应和机制分析

表 6-9 和表 6-10 初步分析了长三角地区城市河道滨岸带类型和上海长风公园银锄湖滨岸小型水体的特点及其对蚊虫孳生的影响效应和机制。

表 6-9　城市水体的主要滨岸带类型及其对蚊幼虫孳生的影响效应与机制分析（长三角城市）

滨岸带类型	典型案例			主要特点						对蚊虫孳生的影响效应与影响机制
	名称	区位	实景	安全	生态	景观	亲水	占地	造价	
近自然型	上海市闵行区樱桃河	新城区		差	好	一般	差	大	低	P 效应。如水位变化小且多有洞穴或洼坑，则 P 效应增强
	上海市徐汇区华泾路水塘	城郊接合部		差	好	一般	差	大	低	PP 效应。成虫以植物丛为栖息地

续表

滨岸带类型	典型案例			主要特点						对蚊虫孳生的影响效应与影响机制
	名称	区位	实景	安全	生态	景观	亲水	占地	造价	
近自然型	巢湖市居巢区陆家河	中心城区	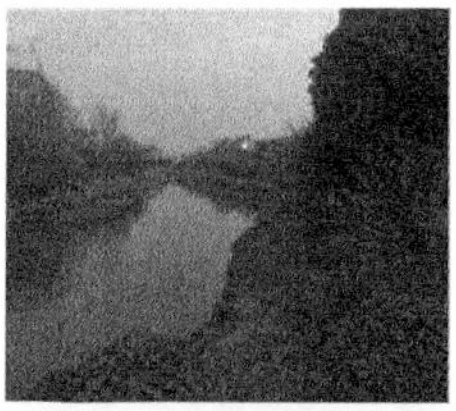	差	好	一般	差	大	低	PP 效应。成虫以植物丛为栖息地
	杭州市西湖区长桥溪	中心城区	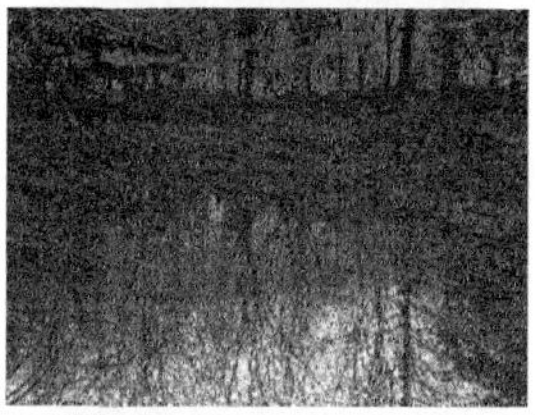	较好	好	好	一般	大	较低	P效应。成虫以植物丛为栖息地
桩排型	上海市宝山区盛联路河道	城郊接合部	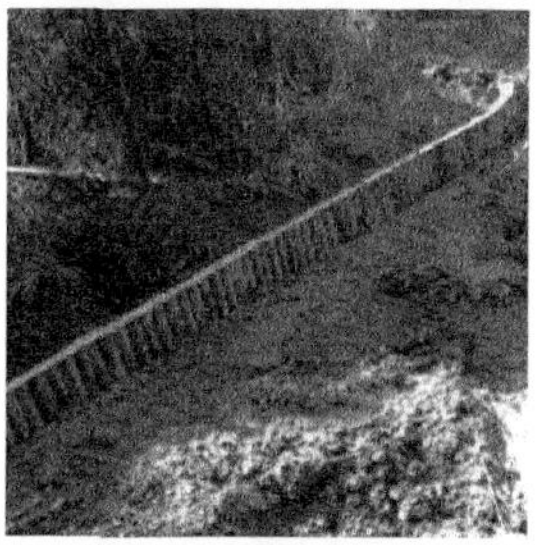	较好	较好	较好	一般	一般	一般	P效应。成虫以植物丛为栖息地。如桩排过密（桩之间缝隙过小）且水位变化小，则可能会在桩排的近陆侧形成“水坑效应”，可能有蚊幼虫
	上海普陀区南北厅河	城郊接合部	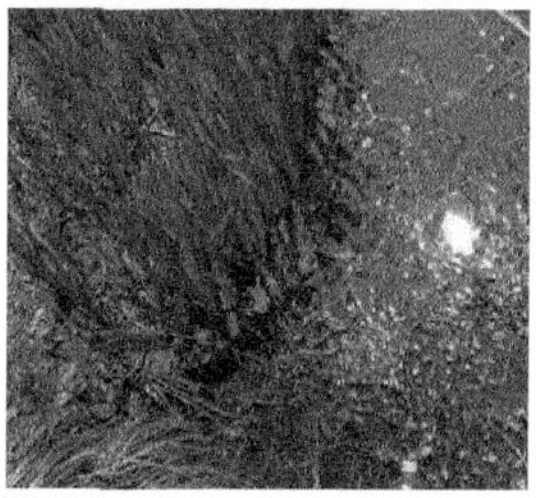	较好	较好	较好	一般	一般	一般	P效应。成虫以植物丛为栖息地。如桩排过密（桩之间缝隙过小）且水位变化小，则可能会在桩排的近陆侧形成“水坑效应”，可能有蚊幼虫
	上海市松江区龙腾路工技大校河	新城区	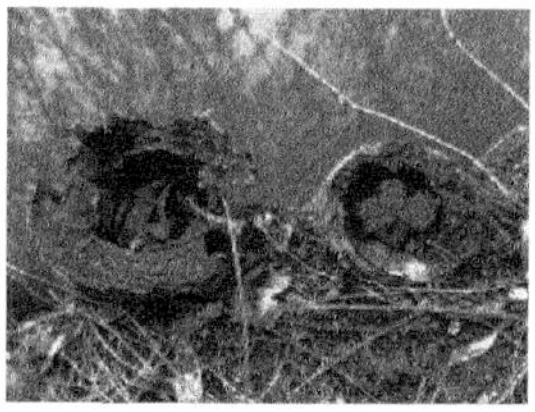	较好	较好	较好	一般	一般	一般	P效应。成虫以植物丛为栖息地。如桩排过密（桩之间缝隙过小）且水位变化小，则可能会在桩排的近陆侧形成“水坑效应”，可能有蚊幼虫

续表

滨岸带类型	典型案例			主要特点						对蚊虫孳生的影响效应与影响机制
	名称	区位	实景	安全	生态	景观	亲水	占地	造价	
桩排型	上海市宝山区长浜河	中心城区		较好	较好	较好	一般	较大	一般	P 效应。成虫以植物丛为栖息地。如桩排过密（桩之间缝隙过小）且水位变化小，则可能会在桩排的近陆侧形成“水坑效应”，可能有蚊幼虫
	上海市普陀区横港河	中心城区		较好	较好	较好	一般	较大	一般	P 或 PP 效应。成虫以植物丛为栖息地。如桩排过密（桩之间缝隙过小）且水位变化小，则可能会在桩排的近陆侧形成“水坑效应”，可能有蚊幼虫
台阶型	上海市普陀区苏州河	中心城区		好	好	好	好	大	较高	S 效应
	昆山市亭林街道严家角河	中心城区		好	好	好	好	大	较高	PP 效应。成虫以植物丛为栖息地。下沉绿地和陶罐积水时，可能有蚊幼虫，其中，陶罐中可能有伊蚊的幼虫
	昆山市花桥镇绿地景观河	中心城区		好	一般	一般	差	较大	较高	S 效应

续表

滨岸带类型	典型案例			主要特点						对蚊虫孳生的影响效应与影响机制
	名称	区位	实景	安全	生态	景观	亲水	占地	造价	
插板型	上海市普陀区红祁河	中心城区		一般	较差	差	差	较小	一般	S 效应。如果插板及勾缝破损且形成积水孔洞，则可能是 P 效应
多孔砖型	无锡市梅村伯渎河	新城区		较好	较好	较差	差	较小	较高	P 效应。在水位变化小且混凝土砌块的孔洞被严重堵塞时，可能有蚊幼虫
	上海市普陀区真如港	中心城区		较好	较好	较差	差	较小	较高	P 效应。在水位变化小且混凝土砌块的孔洞被严重堵塞时，可能有蚊幼虫
联锁块型	上海市宝山区长浜河	中心城区		较好	较好	一般	较差	一般	一般	P 效应。在水位变化小且空洞被堵塞的条件下，可能有蚊幼虫
硬化直立型	上海市普陀区苏州河	中心城区		好	差	差	差	小	高	SS 效应

续表

滨岸带类型	典型案例			主要特点						对蚊虫孳生的影响效应与影响机制
	名称	区位	实景	安全	生态	景观	亲水	占地	造价	
硬化直立型	上海市普陀区丽娃河	中心城区		好	差	差	差	小	高	SS 效应
	苏州市姑苏区桃花坞	中心城区		好	差	差	差	小	/	SS 效应
	宜兴市万石镇漕桥河支浜	郊区		好	差	差	差	小	/	SS 效应

表 6-10　滨岸小型水体生境特点及其对蚊虫孳生的影响效应和机制分析(上海长风公园)

滨岸小型水体	生境特点	对蚊虫孳生的影响效应和机制分析
菖蒲坑	水质较差，腐殖质积累很多，极小型水体，周期性积水，水面平静，水生植物为菖蒲且盖度和密度较高，无鱼、虾(土坝阻隔了与银锄湖的交流)	较强和周期性的 P 效应，春季积水比较稳定、水生植物盖度和密度较低、食源丰富，无天敌捕食，诱导雌蚊产卵并有利于蚊幼虫生长发育，但随着积水和植被条件的变化，其孳生期基本上至初夏为止
铁臂山水池	水质较差，腐殖质积累较多，水位恒定、水面平静、浓荫蔽日，有鱼类	较弱和常态化的 P 效应，水位恒定、水面平静、浓荫蔽日，较适合于雌蚊产卵，腐殖质为蚊幼虫提供食源，鱼类捕食蚊幼虫
荷花池	水质较好，水面开阔且与大水体连通，光照较强，鱼、虾较多	较强和常态化的 S 效应，开阔水面和较强光照都不利于雌蚊产卵，鱼、虾捕食蚊幼虫

注：P 效应是指生境促进蚊虫孳生的效应，S 效应是指生境抑制蚊虫孳生的效应。

长风公园银锄湖滨岸“三池”蚊幼虫孳生规律与生物之间的“生态错位”

有关(蚊幼虫生长先于菖蒲)，还可能与喷药杀虫的时间(初夏开始)有关[13]。

11. 活水公园的蚊虫孳生效应和机制分析

活水公园景观水系统各单元生境特点及其对蚊虫孳生的影响效应和机制分析见表 6-11。

表 6-11　活水公园景观水系统各单元生境特点及其对蚊虫孳生的影响效应和机制分析(现场实证，上海梦清园)

单元设施	生境特点	影响效应与机制分析	效应评价	备注
折水涧	水质较差，水流较快且落差大，有鱼、虾(苏州河水输入)	较强和常态化的 S 效应，水流较快且落差大会抑制雌蚊产卵及伤害蚊幼虫	SSS	一级提升
湿地	水质较好，挺水植物覆盖率很高且有鱼、虾和青蛙	较强和常态化的 S 效应，植物覆盖率过高会抑制雌蚊产卵，天敌较多会过量捕食蚊幼虫	SS	—
湿地出水槽	水质较好，人工曝气，有鱼、虾	较强和常态化的 S 效应，曝气扰动会抑制雌蚊产卵并伤害蚊幼虫	SSS	—
下湖	水质较好，水面开阔，光照较强，有鱼、虾(输入+放养)	较强和常态化的 S 效应，开阔水面及较强光照会抑制雌蚊产卵，天敌较多会过量捕食蚊幼虫	SSS	—
空中水渠	水质较好，流速较快，光照较强，HRT 短	流速快+强光照+HRT 短，抑制蚊虫孳生	SSS	二级提升
蝴蝶泉	水质较好，光照较强，有灯光和喷水，有鱼、虾(锦鲤)	较强和常态化的 S 效应，光照较强且有灯光及喷水，会抑制雌蚊的产卵并对蚊幼虫造成伤害，锦鲤也可食蚊	SSS	—
星月湾	水质较差，光照较强，水绵较多，积水太浅	较强和常态化的 S 效应，光照较强和水绵较多会抑制雌蚊产卵，积水太浅会导致蚊幼虫失水死亡	S	—

注：星月湾的台地有较长时间积水且杂草丛生，现场监测时发现了较多蚊蜕，有可能是蚊幼虫的孳生地。

12. 绿地雨水沟渠系统的蚊虫孳生效应和机制分析

上海外环绿带面积大，总面积约 70km^2，其中，水体面积占比约 10%，形成了大体量的带状水绿复合体(长度约 100km，平均宽度约 500m)。本研究实证了上海市外环绿带西段的雨水沟渠系统蚊幼虫孳生问题(表 6-12)，可能与水绿复合体的生境特点及其管理有关，主要包括：①绿带植被提供了阴凉环境条件；②植物凋落物太多且落入排水沟渠，因未及时清理而造成沟渠堵塞和积水；③窨井盖破损；④违规排放污水并进入沟渠。

上海市外环绿带不仅是城市生态系统的重要组成，而且是市民休闲游憩的重要场所，其排水沟渠的蚊虫孳生问题可能会造成一定的健康风险，须予以关注，应以植物凋落物清理、沟渠积水清除和违规排污治理三方面为重点，有效防控蚊害。

表 6-12　绿带雨水沟渠生境特点及其对蚊虫孳生的影响效应和机制分析（上海外环西段）

单元设施	生境特点	影响效应与机制分析	备注
雨水沟渠	因落叶和垃圾的堵塞，出现半长期性积水。林木的遮阳效果好。无自然水体中的鱼类等天敌	P 效应。水、质、食、光的条件适宜且缺乏天敌制约	如有外源排污，则 P 效应增强
雨水井	长期性积水，如井盖破损或被盗，则落叶可能进入并转换为腐殖质。林木的遮阳效果好。无自然水体中的鱼类等天敌	PP 效应。水、质、食、光的条件适宜且缺乏天敌制约	如有外源排污，则 P 效应增强

6.2　城市水环境及其治理的蚊虫孳生风险检索图

参照生物分类检索方法并为了实际工作的便利，将城市水环境及其治理中的蚊虫孳生地分为城市水体、人工湿地、海绵设施等三大类型，以水质状况、保洁状态、治理措施及管养水平等为核心检索词，对城市水环境及其治理的蚊虫孳生风险等级（低风险、中风险、高风险和极高风险）进行检索，制图如下（图 6-2～图 6-7）。

1. 城市水体

1）一级生境：河湖本体

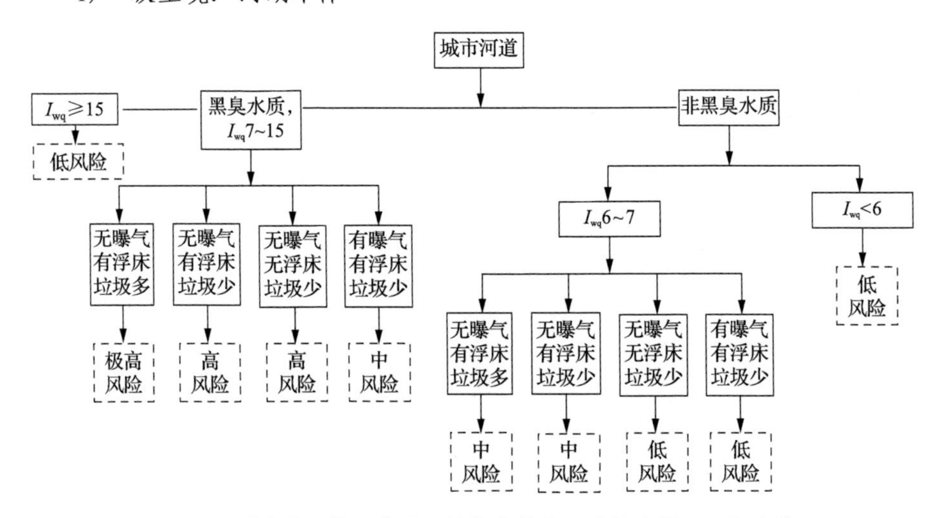

图 6-2　城市水环境及其治理的蚊虫孳生风险检索图：河湖本体

I_{wq}（综合水质标识指数，又称为 WQI）的计算以Ⅴ类水为参照基准；中小型城市水体的风险较高；孳生的蚊种以库蚊为主。

2) 二级生境：曝气机及其附近

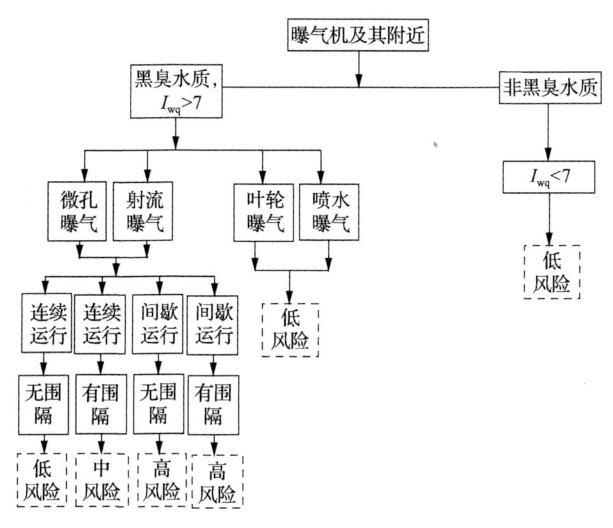

图 6-3　城市水环境及其治理的蚊虫孳生风险检索图：曝气机及其附近

I_{wq}(综合水质标识指数，又称为 WQI) 的计算以 V 类水为参照基准；曝气机附近是指以曝气机和扩散装置 (扩散盘或管) 为中心的的 1m 以内范围；曝气的效能 (单位电耗的增氧量) 依次为微孔曝气＞射流曝气＞叶轮曝气＞喷水曝气；如果保洁较差，则风险提高一个等级；本图是指同时具有浮床的场景。

3) 二级生境：浮床及其附近

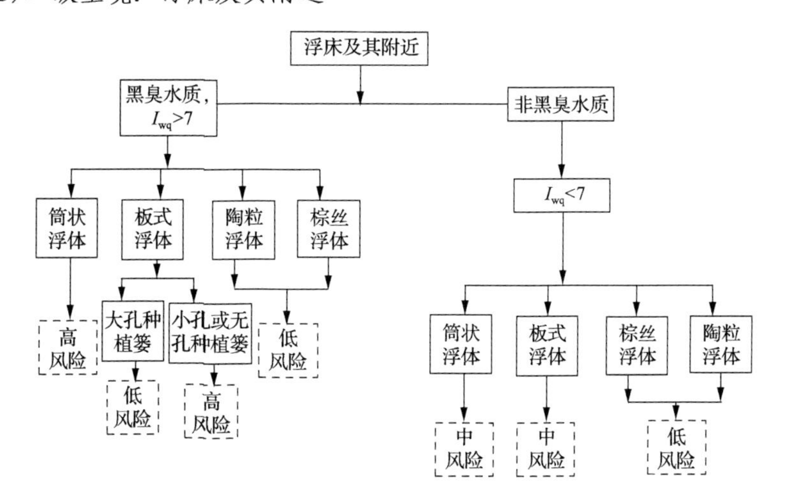

图 6-4　城市水环境及其治理的蚊虫孳生风险检索图：浮床及其附近

I_{wq}(综合水质标识指数，又称为 WQI) 的计算以 V 类水为参照基准；浮床附近是指以曝气机和扩散装置 (扩散盘或管) 为中心的 1m 以内范围；浮力和植物 (以挺水植物为例) 抗倒伏性依次为筒状浮体＞板式浮体＞陶粒浮体＞棕丝浮体；如果保洁较差、杂草丛生且浮床近岸，则风险提高一个等级；本图是指同时具有曝气的场景。

4) 二级生境：滨岸微生境

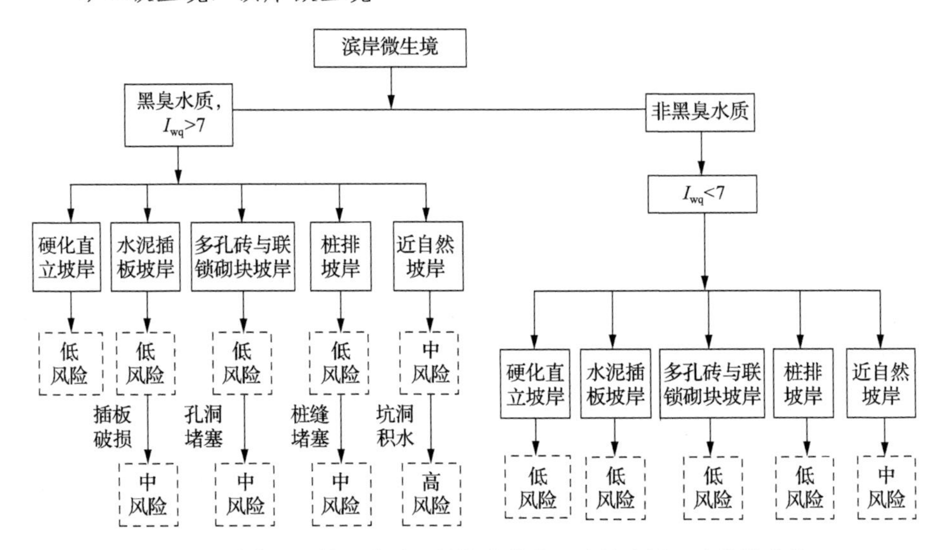

图 6-5　城市水环境及其治理的蚊虫孳生风险检索图：滨岸微生境

I_{wq}(综合水质标识指数，又称为 WQI)的计算以 V 类水为参照基准；浮床附近是指以曝气机和扩散装置(扩散盘或管)为中心的 1m 以内范围；浮力和植物(以挺水植物为例)抗倒伏性依次为筒状＞板式＞陶粒＞棕丝；如果保洁较差且杂草丛生，则风险提高一个等级。

2. 人工湿地

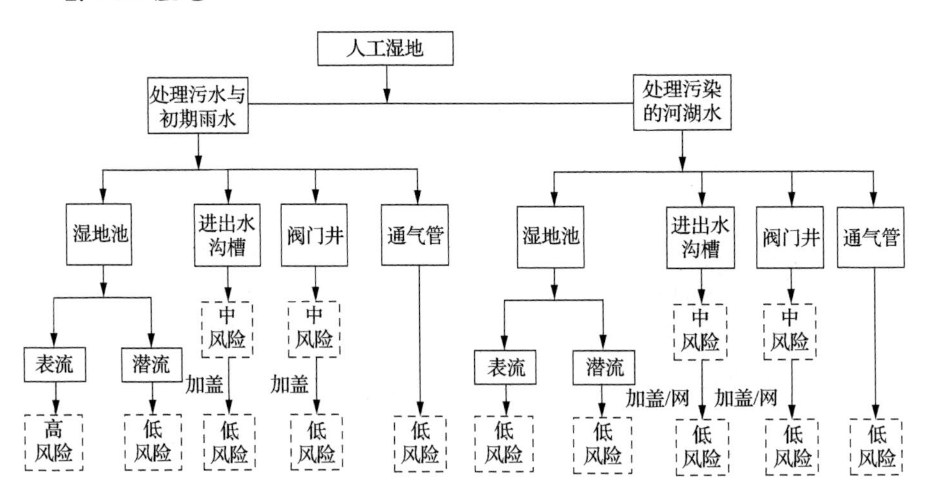

图 6-6　城市水环境及其治理的蚊虫孳生风险检索图：人工湿地

如果进出水沟槽和阀门井有植物遮阳且腐殖质积累较多，则风险提高一个等级。

3. 海绵设施

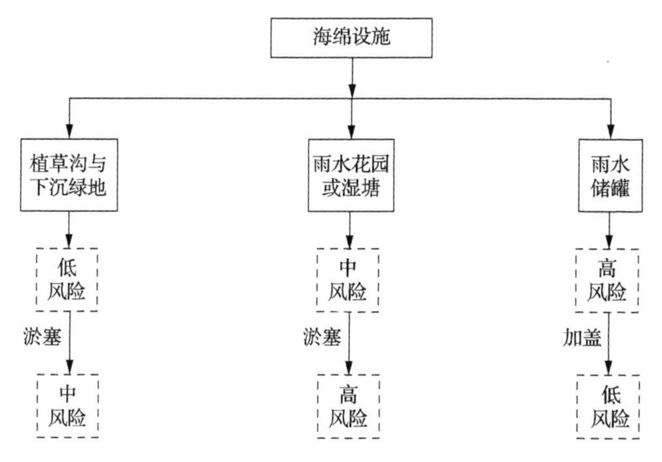

图 6-7　城市水环境及其治理的蚊虫孳生风险检索图：海绵设施

6.3　城市水环境治理与蚊害防制的协调对策(导则)

作者根据以上研究结果和实践所得，将城市水环境及其治理的蚊害防控总则归纳为 8 条：黑臭优先，以边为主，抓小放大，强化活动，引入天敌，因时消杀，加强管理，统筹协调和一水一策。

1）“黑臭优先”

黑臭不仅是水质表征，而且为蚊虫孳生提供了适宜生境。黑臭水体缺氧严重，蚊虫天敌无法生存，造成了蚊幼虫与天敌生物之间的生态错位(条件错位)；黑臭水体色深味臭，诱导雌蚊产卵；黑臭水体营养丰富，有利于蚊幼虫生长发育；黑臭水体保洁较差，蚊虫聚集在垃圾堆附近孳生。

2）“以边为主”

水体近岸排污口较多，水质污染较严重，蚊虫天敌不易生存；水体近岸建筑和植物较多，比较阴凉，血源丰富，适合于蚊虫孳生；水体近岸多有水坑和洞穴，适合于蚊虫孳生。生态浮床无论是布设在水体近岸处，还是布设在水体中间，都会增加水-绿和岸-绿的界面空间，适合于蚊虫孳生。

3）“抓小放大”

小微型积水载体(湿地沟槽及阀门井、海绵设施、植物种植篓和盆、滨岸水坑)相对独立、聚污(污水和垃圾)性强、水面平静且天敌较少，是城市水环境及其治理中蚊害防控需重点关注的孳生地。

4)“强化活动”

死水和静水适合于蚊虫孳生。因此，要让水“活起来”和“动起来”，具体措施有：减少闸坝和围隔等设施的阻隔作用，强化水体的交换和流动；在水体中安装曝气和推流设备，强化水流扰动。

5)“引入天敌”

蚊幼虫的天敌生物有很多。城市积水载体中蚊幼虫的天敌生物来源众多，或来自于“自有”或来自于“水带”或来自于“风播”或来自于“鸟粪”。但某些积水载体(海绵设施、滨岸水坑以及处理污水厂尾水的人工湿地池)，因其自身无天敌生物或天敌生物难以进入，可人工放养，在尾水湿地调试阶段采用河湖水并把天敌生物引进湿地池中。放养和引进的天敌生物种类因积水载体的生境条件而定。

6)“因时消杀”

许多动植物滞后于蚊虫孳生，从而形成了时间上的生态错位，蚊虫因失去天敌和生境的制约而发生“错时孳生”。长三角地区，应加强仲春和春夏之交时的蚊幼虫监测和消杀。

7)“加强管理”

城市水环境及其治理中蚊虫孳生与管理水平的关系密切，加强管理的内容主要有：垃圾清理(所有的孳生地，特别是河道闸门口和下风向水面)、积水点治理(浮床种植篓与滨岸水坑的疏通、湿地沟槽和阀门井及雨水管的加盖和盖网、海绵设施的清污)、植物管理(春播夏管以及秋收冬藏)。其中，湿地沟槽和阀门井及雨水管的加盖和盖网可能会带来操作上的不便，但控蚊效果好。

8)“统筹协调”和“一水一策”

城市水环境治理与蚊害防控之间存在着十分复杂的关系，既有相容关系，又有相斥关系。如前所述，间歇曝气且有围隔时，脱氮和节能效果好且曝气机故障率低，但控蚊效果差，如果采取间歇曝气的运行方式，建议曝气机在夜间(傍晚到凌晨)运行，以便兼顾净污和控蚊；筒状浮体能够预防植物倒伏，但控蚊效果差；框网式浮床的经济成本低且控蚊效果好，但适宜种植的植物较少；硬化直立型坡岸的控蚊和节地效果好，但生态和净污功能差；近自然型坡岸的生态功能好，但占地大且控蚊效果差；表流湿地的抗堵性好，但控蚊效果差；不加盖的湿地沟槽和阀门井的操作方便，但控蚊效果差；雨水花园(湿塘)的海绵效果好，但控蚊效果差；连通型河湖水系的控蚊效果好，但水环境治理的难度大且见效慢；曝气和混凝的净污和控蚊效果好，但经济成本高；植物的选择应综合适生、抗逆、净污、景观、驱蚊等多方面的要求，但驱蚊效果好的植物，其适生性、抗逆性、净污性和景观效果不一定好；岸边浮床较易管护，但不利于控蚊。

城市水环境治理与蚊害防控之间的统筹协调本质就是要在治水、生态、控蚊及成本四者之间找出"最大公约数"，针对重点孳生地制定和采取"一水一策"的方案。可供参考的方案或策略如下：

(1)采取间歇曝气的运行方式时，建议曝气机在夜间（傍晚到凌晨）运行，或将泵式喷水与间歇曝气相结合，以便兼顾净污、控蚊和节能的要求。

(2)采用筒式浮床或板式浮床种植篓时，建议对筒壁打孔、增加种植篓的侧壁缝宽，以减少筒/篓内积水，采用框网式浮床时，建议与其他形式的浮床搭配使用，以便兼顾生态、净污和控蚊的要求。

(3)采用药剂消杀或水枪冲洗等方式，加强对水体岸边和浮床边控蚊。

(4)在生态浮床上间种绿薄荷、香菇草、鱼腥草等驱蚊植物，以便兼顾净污、生态、景观和驱蚊的要求。

(5)如有建设旁路净化设施（水处理站）条件时，应设置混凝、过滤和消毒等净化单元，以便兼顾净污和控蚊的要求。

(6)对硬化直立型坡岸栽种迎春花、月季花和常春藤等植物进行"生态包装"，以便兼顾生态、景观、控蚊和节地的要求。

(7)对表流湿地采用干湿交替的运行方式并在调试期间引进河湖水，以便兼顾抗堵、生态和控蚊的要求。

(8)对滨岸水坑开口或加设格栅和活动闸坝，以便兼顾生态、净污、景观和控蚊的要求。

(9)在城市面源污染生态净化以及活水公园系统中，宜将库塘和湿地组合起来应用，以便兼顾净污、生态、景观和控蚊的要求。

(10)对于城市海绵设施，应重点关注井和罐等单体的控蚊。

参考文献

[1] 陆宝麟. 我国50年来蚊虫防制研究概况[J]. 中华流行病学杂志, 2000, 21(2): 153-155.

[2] 张彤, 金洪钧. 摇蚊幼虫的水生态毒理学研究进展[J]. 环境保护科学, 1995, 21(4): 17-21.

[3] 上海市水务局、上海市绿化和市容管理局. 上海市河道绿化建设导则[S]. 上海: 2008.

[4] 华东师范大学. 苏州河底泥疏浚的生态学研究[C]. 上海: 华东师范大学, 2002.

[5] 刘一, 禹娜, 熊泽泉, 等. 城区已修复河道冬季浮游动物群落结构的初步研究[J]. 水生态学杂志, 2009, 2(3): 1-7.
[6] 崔福义, 林涛, 马放, 等. 水源中水蚤类浮游动物的孳生与生态控制研究[J]. 哈尔滨工业大学学报, 2002, 34(3): 399-404.
[7] 黄廷林, 武海霞, 宋李桐. 饮用水中摇蚊幼虫生长习性与灭活实验研究[J]. 西安建筑科技大学学报, 2006, 38(3): 420-424.
[8] 武海霞, 黄廷林, 陈千皎, 等. 二氧化氯灭活供水系统中摇蚊幼虫的实验研究[J]. 西安建筑科技大学学报, 2006, 38(1): 42-46.
[9] 邢宏, 陈艳萍, 张清, 等. 水处理工艺中浮游甲壳动物的控制[J]. 中国给水排水, 2005, 21(3): 77-79.
[10] 吴素花, 乔铁军, 张金松. 除蚤剂对活性炭上微生物的影响[J]. 中国给水排水, 2006, 22(21): 22-25.
[11] 范珊珊, 林涛, 陈卫. 活性炭滤池中无脊椎动物的孳生与控制[J]. 中国给水排水, 2010, 26(4): 30-33.
[12] 聂小保, 黄廷林, 张金松, 等. 化学氧化和砂滤对净水工艺中颤蚓污染的协同控制[J]. 中国环境科学, 2012, 32(2): 274-278.
[13] 高强, 曹晖, 周毅彬, 等. 成蚊密度与蚊幼孳生状况的相关性研究[J]. 中华卫生杀虫药械, 2014, 20(4): 323-328.